改变世界的发明与创造
翱翔天空

张顺燕 / 主编

吉林科学技术出版社

图书在版编目（CIP）数据

翱翔天空 / 张顺燕主编. -- 长春：吉林科学技术出版社，2023.10
（改变世界的发明与创造）
ISBN 978-7-5744-0901-9

Ⅰ.①翱… Ⅱ.①张… Ⅲ.①航天—技术史—世界—青少年读物 Ⅳ.①V4-091

中国国家版本馆CIP数据核字(2023)第191008号

翱翔天空
AOXIANG TIANKONG

主　　编	张顺燕
策 划 人	张晶昱
出 版 人	宛　霞
责任编辑	周　禹　宿迪超
封面设计	长春美印图文设计有限公司
制　　版	长春美印图文设计有限公司
幅面尺寸	170 mm × 240 mm
开　　本	16
印　　张	7
字　　数	105千字
印　　数	1—6 000册
版　　次	2023年10月第1版
印　　次	2023年10月第1次印刷
出　　版	吉林科学技术出版社
发　　行	吉林科学技术出版社
地　　址	长春净月高新区福祉大路5788号出版集团A座
邮　　编	130118
发行部电话/传真	0431-81629529　81629530　81629531
	81629532　81629533　81629534
储运部电话	0431-86059116
编辑部电话	0431-81629520
印　　刷	吉林省创美堂印刷有限公司
书　　号	ISBN 978-7-5744-0901-9
定　　价	45.00元

如有印装错误　请寄出版社调换
版权所有　侵权必究　举报电话：0431-81629508

前言

亲爱的小读者,欢迎来到发明与创造的世界!希望这本书可以带领你们探索无限的可能,启发你们的创造力,并激励你们成为发明家和创新者。

这个时代是令人惊叹的科技时代,无数的科学家、工程师和发明家不断地突破边界,创造出了一个个改变世界的伟大发明。我们的手机、电脑、汽车以及航空器等,都是这些创新思维的产物。而你们作为未来的一代,将会继续推动科技的发展,为人类带来更多惊喜和便利。

我相信,在你们的思维力火花燃起时,世界将会因你们的发明而变得更加美好。我希望你们享受这次科学探索的旅程,尽情发挥你们的想象力,勇于挑战困难,勇敢地面对失败,因为正是通过这些过程,你们才能真正成长,并创造出改变世界的发明。

愿这本科普图书能够陪伴你们成长,在科学与创造的道路上指引你们前行。祝愿你们在这个令人兴奋的旅程中收获无尽的快乐和启示!

目录

一、由热气球到飞艇

在热气球诞生之前 / 8

孔明灯为什么能飞上天空 / 9

热气球 / 10

飞艇 / 14

二、由飞鸟到飞机

扑翼机 / 24

由风筝到滑翔机 / 26

真正飞机的出现 / 29

飞机飞行原理 / 30

来自竹蜻蜓的启发 / 36

直升机的飞行原理 / 37

反潜机 / 50

反潜机的反潜原理 / 54

喷气式飞机 / 56

预警机 / 60

预警机的原理 / 63

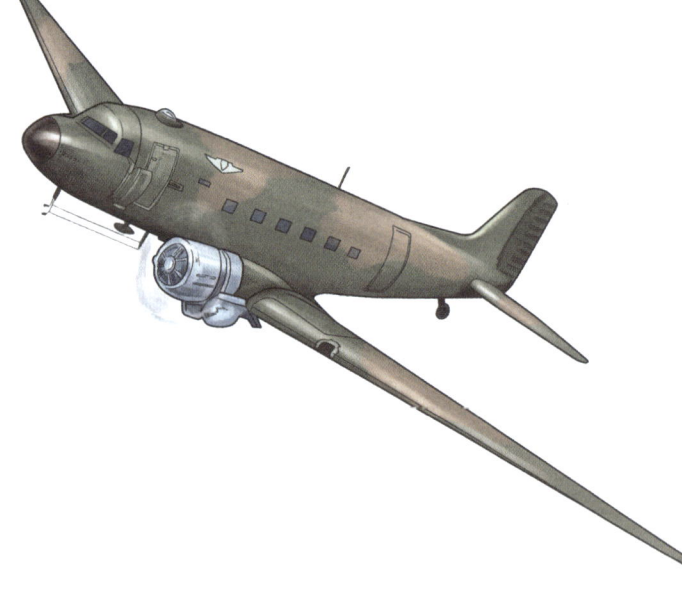

三、威力无比的火箭

古代的火箭 / 64

现代的火箭 / 68

火箭升入太空的原理 /69

重型运载火箭与超重型运载火箭 / 84

四、天空中的人造卫星

早期的人造卫星 / 87

通信卫星 / 90

导航卫星 /91

气象卫星 / 95

地球资源卫星 / 96

天文卫星 / 98

预警卫星 / 99

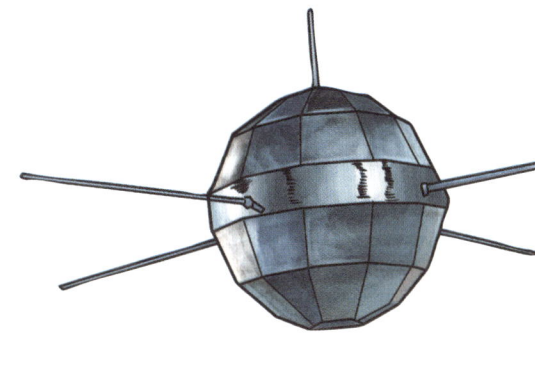

五、载人航天与空间站

什么是空间站 /102

人类进入太空成为事实 / 106

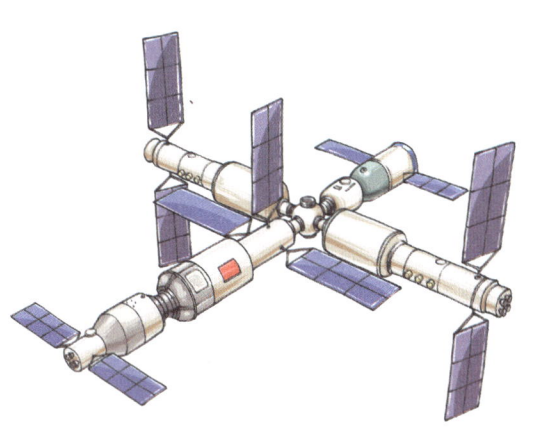

一、由热气球到飞艇

在热气球诞生之前

相传，三国时期，诸葛孔明被司马懿围困，无法派兵出城求援。孔明神机妙算，制成会飘浮的纸灯笼，系上求援信，算准风向，将纸灯笼放飞，这只纸灯笼果然顺着风将求援信送到了目的地。最后，被困的军民终于等到援兵，脱离了危险。后来，人们就称这种灯笼为孔明灯或天灯。

在当代，也有人点燃天灯，进行祈祷等活动。让人感到好奇的是，这既没有翅膀，也不能充气的纸灯笼，究竟是怎么飞起来的呢？一般的纸灯笼也能飞吗？天灯不点上火是不能飞的，那么，点燃的火苗到底起了什么作用呢？

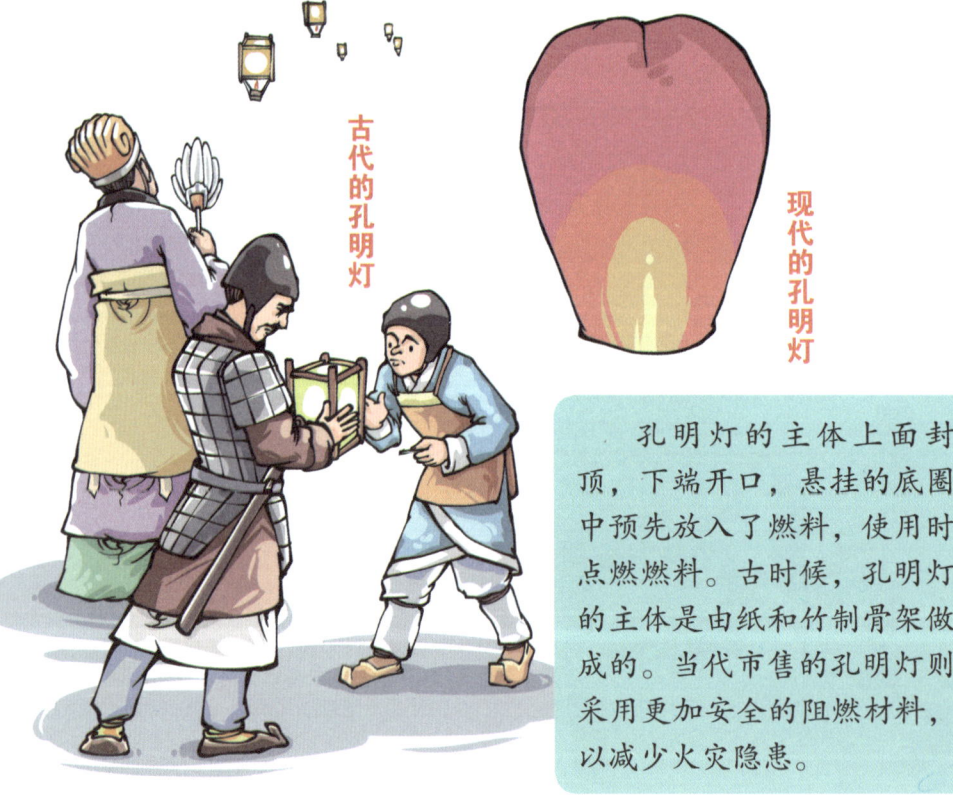

古代的孔明灯

现代的孔明灯

孔明灯的主体上面封顶，下端开口，悬挂的底圈中预先放入了燃料，使用时点燃燃料。古时候，孔明灯的主体是由纸和竹制骨架做成的。当代市售的孔明灯则采用更加安全的阻燃材料，以减少火灾隐患。

孔明灯为什么能飞上天空

这其实与空气密度、重力以及浮力有关。点火前,孔明灯整体所受的重力大于外部空气给它的浮力,此时是飘不起来的。点火后,孔明灯内部的空气被加热,体积增大而密度降低,因此不断上升,将原来的冷而重的空气排出,最终使孔明灯的重力小于空气浮力,孔明灯便飘了起来。

孔明灯点火后,空气流动示意图。

在古代,孔明灯主要用于在战争中传递信息。曾有一位著名的英国汉学家指出,公元1241年,蒙古人曾经在里格尼茨战役中,使用孔明灯传递信号。

古人有没有想过做出能载人飞天的孔明灯呢?我们不得而知。不过,古人制作孔明灯的材料多为容易取得的纸张和竹条,这些材料都很容易燃烧或损坏,用它们也很难将孔明灯做得足够大,而小型的孔明灯并不能获得足够载人的浮力。

利用和孔明灯相同原理而制造出的载人飞行器在工业革命之后诞生,这种飞行器的名字叫作——热气球。

热气球

18世纪，法国人约瑟夫·蒙哥尔费观察自己家的壁炉时，突然产生了这样的疑问：为什么烟、火星等物质会平稳地从烟筒中扩散出去呢？可不可以将这些"气体"收集起来，带着其他物体一起升起来呢？

约瑟夫·蒙哥尔费立刻用上等丝绸做了一个口袋，在下面点燃了一把火，把口袋在火焰上方撑开，结果很快看到口袋鼓了起来，口袋膨胀得越来越大，随后竟飞上了天花板。这个实验给了约瑟夫很大的鼓舞，他立即同弟弟雅克·蒙哥尔费联系，希望能一起做更多的试验。于是，两人一起制作了一个又一个丝绸或亚麻布的口袋，发现这些口袋不仅都能上升，而且口袋越大，上升得越高！

1783年6月，蒙哥尔费兄弟决定在市场上做一次公开的表演。两人用麻布和纸制成一个气球，把烧着的羊毛和干草产生的烟和热气，收集在气球里。在收集热气的过程中，共有8个人帮忙拉住气球，当气球完全膨胀起来后，所有人一起松手，这个热气球便径直向上飞了起来——最后气球升到了300米的高度，在空中停留了10多分钟，飘移了1600米左右的距离，才缓缓落回地上。

约瑟夫·蒙哥尔费

发明热气球的法国造纸商约瑟夫·蒙哥尔费与弟弟雅克·蒙哥尔费。在法语中，"气球"一词就是从"蒙哥尔费"这一姓氏而来。

雅克·蒙哥尔费

兄弟俩继续做了更多的尝试。在确认动物可以乘热气球安全升空和落地之后，1783年11月21日，蒙哥尔费的热气球载着两位航空先驱者——罗泽尔和达尔朗德向着天空升起，上升高度达900米，在空中停留了20多分钟，安全降落在8千米以外的地方。这就是历史上第一次气球载人的自由飞行，不过，蒙哥尔费兄弟到这个时候还没明白热气球为什么能飞起来，他们一直以为让气球升空的是烟。

完成史上首次载人飞行的这只热气球是用涂有防火材料的塔夫绸做成的，上面有华丽的金色装饰，球体内可以容纳1060立方米的空气。1783年11月21日载人飞行途中，气球主体被点燃而造成局部损坏，因此提前降落，所幸乘客安然无恙。

作为史上第一种可以安全载人飞行的工具，热气球引起了轰动。乘坐和观看热气球成为一种流行的娱乐方式，甚至带动了旅游经济。

就在蒙哥尔费兄弟发明热气球的同年，另外两个法国人——物理学家雅克·查尔斯和尼古拉斯-路易斯·罗伯特用橡胶和丝绸制造了另一种气球。虽然同样利用了空气的浮力，但这种气球是直接将比空气轻的氢气充入气囊来飞行的。他们在当年12月1日乘坐氢气球成功地升空，飞行时间和距离都大大超过了10天前的那次热气球载人飞行。

查尔斯和罗伯特的气球载人试验同样备受关注，观看的人包括了时任美国驻法国大使本杰明·富兰克林。这只红黄相间的氢气球用2小时飞越了约36千米的距离，最高飞行高度约3467米。

飞艇

氢气球被发明出来没多久,人们就开始不满足了。因为它和热气球一样,只能随风飘,没办法进行操控。

1785年1月7日,一只载人氢气球在英国多佛悬崖边升空,吊篮里乘坐着美国人杰弗利斯和法国人布朗夏尔,他们将要横渡英吉利海峡,去往法国。气球的吊篮做成两头翘起的船型,上面还有舵和桨。但是,真正飞起来之后,桨和舵并没有起到任何作用。当气球飞得太低、即将坠海时,他们不得不将这些设备跟其他的压舱物一起扔进海里,以此来减轻重量,使热气球上升到安全高度。

这次氢气球飞渡英吉利海峡,是使用桨和舵操控氢气球的又一次失败尝试。在这之前,发明热气球的蒙哥尔费兄弟早就已经尝试过这种方案了。

1785年1月7日,美国人杰弗利斯和法国人布朗夏尔乘坐氢气球,从英吉利海峡的英国一侧升空,成功飞到法国。飞越海面时,由于飞行高度过低,两人几乎将能扔的东西全扔了,着陆时已是衣不蔽体。

许多人仍不放弃以人力来为气球提供动力和控制方向的设计。他们将气球拉长做成鱼形,改进桨和舵,加上帆,或者使用螺旋桨。但在后来几十年的时间内,从未有人真正成功过。

时间来到19世纪30年代,蒸汽机、内燃机等动力机器开始取代人力。1852年,法国人亨利·吉法德第一个把蒸汽机和氢气球结合起来,这就是能使用动力飞行的吉法德飞艇。不过,因为所使用的蒸汽机功率太小,吉法德飞艇只升空几米就掉了下来。

1852年,法国工程师亨利·吉法德发明并制造了世界上第一艘可操纵的动力飞艇,艇长44米,直径12米,装有功率2.2千瓦的蒸汽机,其模型现存于伦敦科学博物馆。

1884年，法国的军官路纳德和克里布制造了一艘"法兰西"号飞艇，艇长51米，最大处直径8.4米，用蓄电池供电的电动机作动力。8月9日凌晨4点试飞，试飞历时约25分钟，飞行速度约24千米/时。这是第一艘能由人类操纵的飞艇。

第一艘实用的飞艇，是由法国的勒博迪兄弟出资制造的。这是一种由气囊和框架结构共同保持形状的半硬式飞艇，和以前只靠充气气囊保持形状的软式飞艇不同。此外，它的外囊还用吊索来固定发动机舱和吊舱。这艘飞艇于1903年试飞成功。

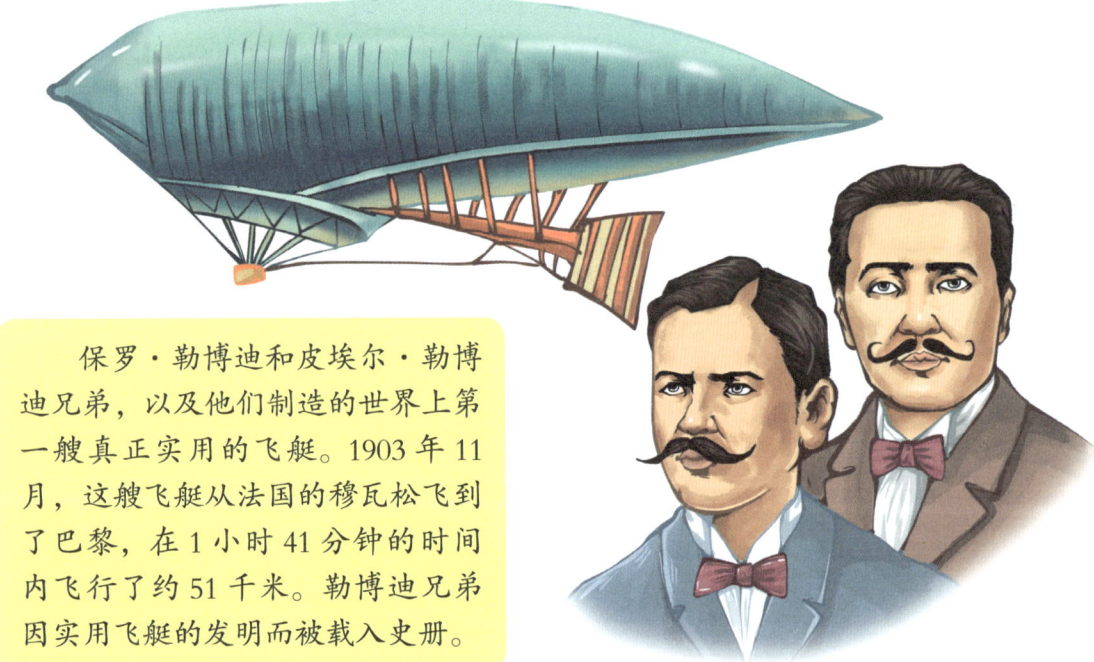

保罗·勒博迪和皮埃尔·勒博迪兄弟，以及他们制造的世界上第一艘真正实用的飞艇。1903年11月，这艘飞艇从法国的穆瓦松飞到了巴黎，在1小时41分钟的时间内飞行了约51千米。勒博迪兄弟因实用飞艇的发明而被载入史册。

真正实用的飞艇,需要更大的空间,以增加载人数量和飞行更长的距离。但对靠压力来保持气囊形状的软式飞艇,以及由气囊和框架结构共同保持形状的半硬式飞艇来说,体积再度增大,就会导致飞行速度减慢,这对于运输工具和军事武器来说,显然是不被看好的。

如何能让飞艇飞得快呢?

19世纪末,德国工程师斐迪南·冯·齐柏林开始研究硬式飞艇。硬式飞艇是完全靠支撑框架来保持形状的飞艇,框架一般是木材或轻金属材料,分隔气囊装在框架内,外面蒙上一层布,起保护作用。到1900年,世界上第一艘硬式飞艇——"齐柏林"LZ-1飞艇诞生了。在随后的几十年内,齐柏林发明制造了许多著名的飞艇,其中一些成了高效率的战争武器。

斐迪南·冯·齐柏林,德国工程师、飞行员,被誉为"硬式飞艇之父",是人类航空史上的重要人物之一。

世界上第一艘硬式飞艇——"齐柏林"LZ-1飞艇。艇长128米,有十多个气囊,起到类似船上隔水舱的作用,提高了飞行的安全度;该飞艇可容纳一万一千多立方米氢气,由两台发动机驱动,载重量是当时软式飞艇的5~6倍。

1929年，英国人巴恩斯·沃利斯研究出了R-100大型飞艇，用的框架是硬铝，外面罩着织物涂层。飞艇上还分出了住宿、用餐、娱乐等服务区，为顾客提供服务。

巴恩斯·沃利斯（1887—1979），英国航空工程师，R100飞艇的主设计师。

1931年和1933年，美国政府不惜投入重金，研制出了"阿克拉"号和"梅肯"号两艘巨型飞艇，它们能够携带战斗机，宛如空中航母。不幸的是，这两艘飞艇于1933年和1935年相继发生事故。

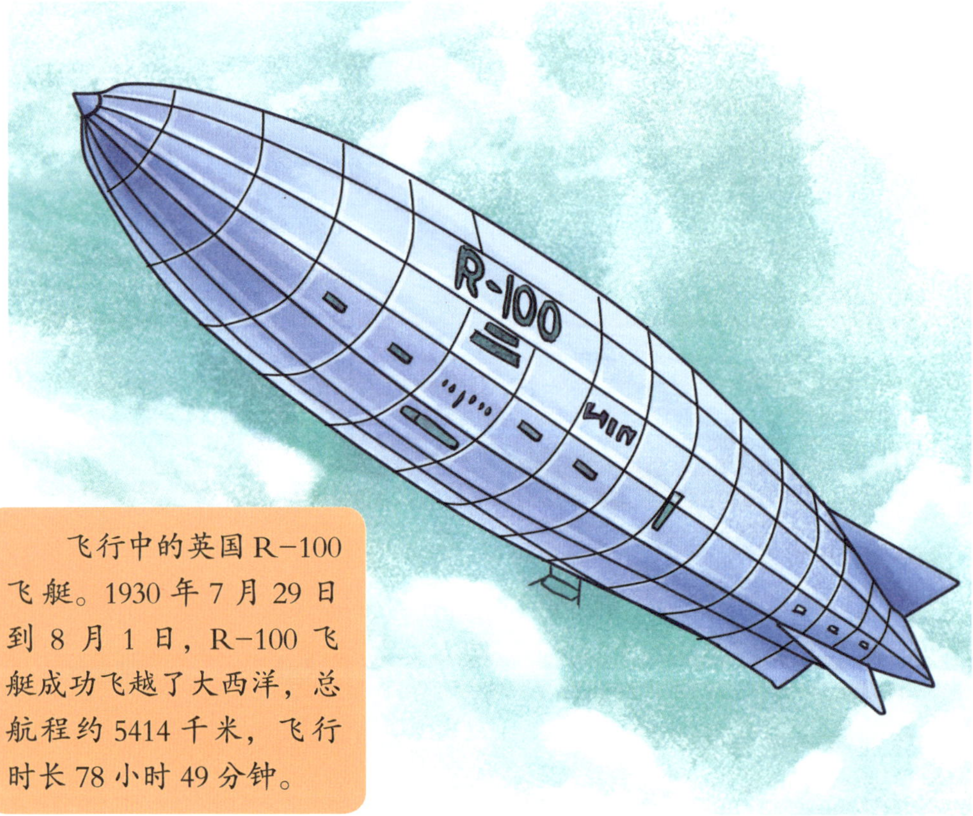

飞行中的英国R-100飞艇。1930年7月29日到8月1日，R-100飞艇成功飞越了大西洋，总航程约5414千米，飞行时长78小时49分钟。

R-100带有一个可容纳56名乘客的餐厅。它的休息区很宽大,比人们想象中的还要大,可以容纳约100名乘客。

无论从体积大小,还是最后的命运来说,R-100飞艇都堪比空中的"泰坦尼克"号。

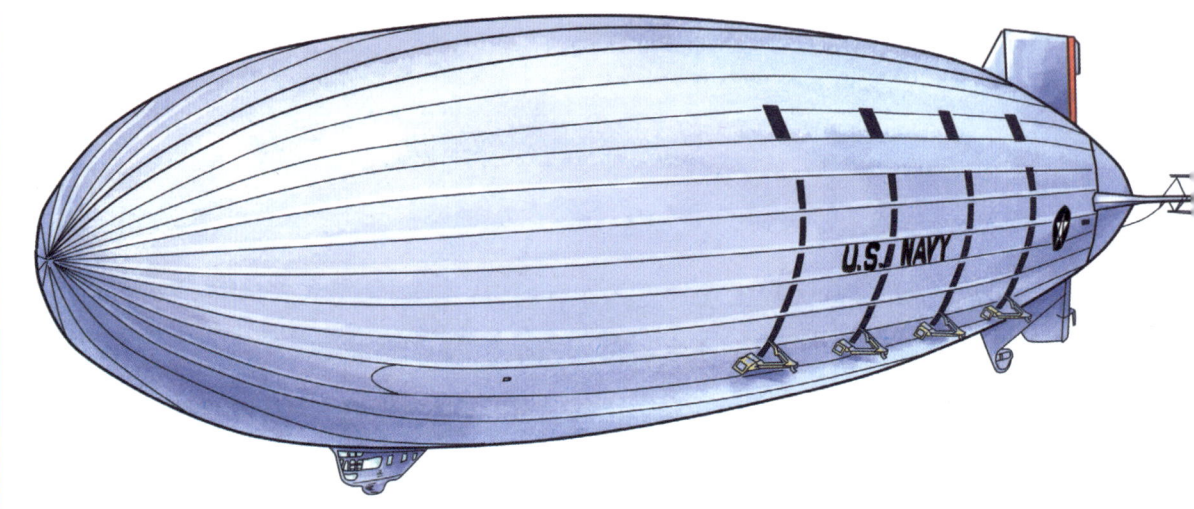

美国海军"梅肯"号飞艇，长240米，容积约18万立方米，拥有12个充满氦气的隔间，可以搭载5架侦察机。1935年2月，"梅肯"号飞艇因异常气流坠毁。

1937年5月6日傍晚，"兴登堡"号飞艇搭载36名乘客和61名工作人员，飞行至美国新泽西州莱克赫斯特海军航空总站上方，准备着陆时，发生爆炸并燃起大火，伤亡严重。

硬式飞艇体积大、操控性好，适合承担运送旅客和物资的任务。但是，硬式飞艇在高空飞行的弱点也逐渐暴露出来，它的气囊中一般填充的是氢气，易燃易爆，一旦遇到雷电，非常容易引起燃烧。在著名的"兴登堡"号飞艇燃烧事故发生后，"飞艇热"逐渐降温。同时，由于飞机性能的不断提高，军用飞艇迅速被飞机所取代。

时隔20多年后,人们又想到飞艇能够垂直起降、可长时间悬停、节能、噪声小、污染小等种种优点。世界各国纷纷又重新开始研制飞艇,集中20世纪90年代先进的技术,涌现了一批比较先进的现代飞艇。现代飞艇一般都是软式飞艇,通过气囊中的氦气压力来保持外形,安全性已经有了质的提高。

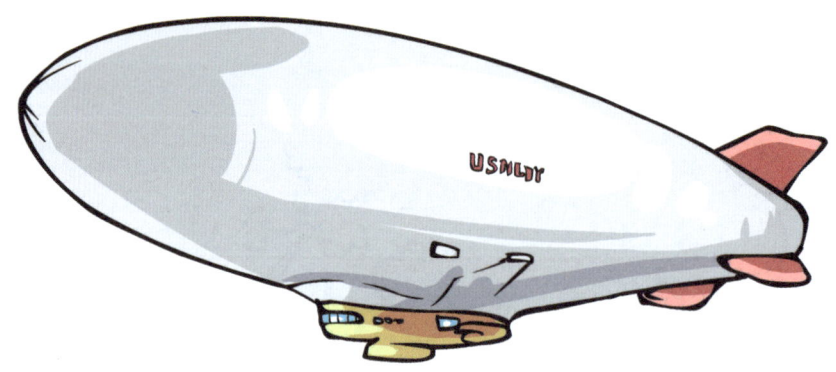

　　2003年8月4日,日本航空航天技术研究所和海洋科学技术中心制造的一艘飞艇,飞到距地面16.4千米的高度,进入了大气平流层。这是有史以来飞艇能够达到的最大高度。这艘大型飞艇全长47米,直径12米,重约500千克。

　　2004年,雅典奥运会期间使用了一艘SKYSHIP600载人飞艇。该飞艇不但配备了高清照相机,还特别安装了化学武器探测仪,每天15小时在上空巡逻,实时将监控数据传至奥运会安保指挥中心,为雅典奥运会的成功举办保驾护航。

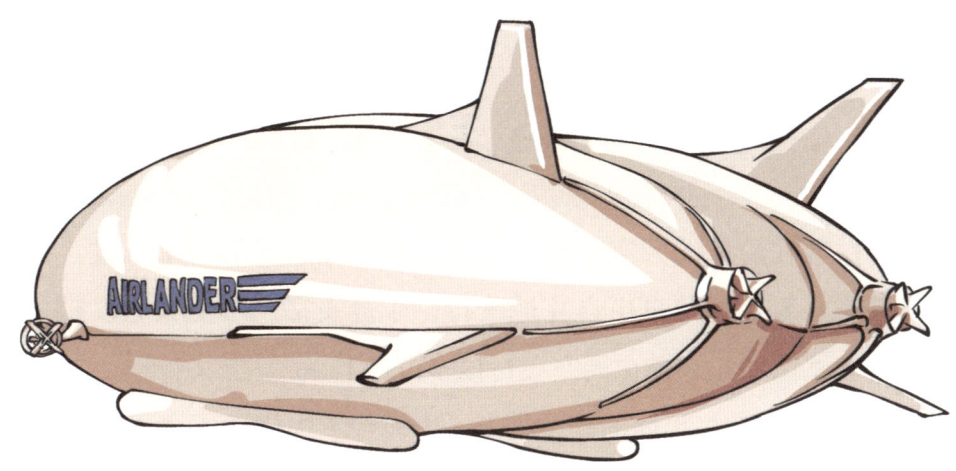

"天空登陆者"是当前世界上最大的飞艇,于2016年8月在英国卡丁顿机场成功首飞。该艇长达92米,飞行高度最高可达4880米,速度最快达到每小时148千米,可以在空中悬浮两个星期。

现代飞艇在空中勘测、摄影、广告、旅游、救生、电视转播、空中巡逻、遥感探测,以及反潜侦察、空中指挥等方面有着重要作用。

2002年5月,我国自行设计和研制的HJ-2000型载人飞艇,首次试飞成功。HJ-2000型载人氦气飞艇的诞生,结束了我国长期购买国外载人飞艇的历史,说明我国在载人飞艇的建设中跨入了世界先进行列。

二、由飞鸟到飞机

白云在蔚蓝的天空中移动,鸟儿扇动翅膀在天空中飞过。古人仰望天空,看到鸟儿自由自在地飞行,十分羡慕,不免大胆设想,假如人类能够像鸟儿一样在天空飞行该多好呀!

我国2000多年前的一本古书《山海经》中描述了一个"羽民国",形容那里的人长有像鸟一样的翅膀,能够飞行。这应该是对人类向往天空的最美丽的文字记载。

有梦想就有追求,千百年来,人们想要像鸟儿一样在天空中飞翔,为了完成这个梦想,人类进行了艰难的探索。

扑翼机

大自然中能够展开翅膀在天空中飞行的鸟儿很多,这些鸟儿深深吸引着那些想飞上天的探索者们,他们试图模仿鸟儿飞行,于是便制造了形状怪异的扑翼机。

扑翼机又叫"振翼机"——依靠机翼像鸟儿和昆虫的翅膀一样上下扑动而飞行的、重于空气的航空器。振翼机上下扑动的机翼能够产生升力和向前的推进力。

历史上，设计并制造过扑翼机的大有人在。15世纪意大利的天才艺术家和工程师达·芬奇就设计过扑翼机，但并没有实际制造出来。

15世纪意大利的天才艺术家兼工程师达·芬奇设计的扑翼机像只燕子，有一双宽大的翅膀和一个三角形的尾羽，靠一个"丁"字形的支架支撑着，人可以趴在支架上用手拉动翅膀上下扑动产生动力。当然，这只是一种设想。

实验扑翼机的人，绝大部分都失败了，要么丢掉性命，要么摔断手脚。近代，有人曾试着将氢气球和扑翼机结合起来，提升了安全性。当蒸汽机出现后，也有多位发明家尝试过用蒸汽机来为扑翼机提供动力。虽然他们都没有获得真正的成功，但依然有无数人甘冒风险，为了飞上天空而不懈努力。

1812年，德国发明家雅克布·德甘在扑翼机上绑了一个小型氢气球，以提供更多升力。

由风筝到滑翔机

风筝能够飞上高高的蓝天，那么能不能带人飞上天空呢？风筝有什么用呢？探索者不断探索着。

早在公元549年的南北朝时，梁武帝被围困在台城，为了获得援兵救援，他手下的人就曾利用风筝来送信。

1804年，英国航空家乔治·凯利开始利用风筝制作滑翔机。他在风筝下装了一个吊舱，并给风筝装上了一个类似鸟尾巴的装置。后来，凯利让马车拉动着这只风筝奔跑，马车夫坐在吊舱里驾驶，竟然离开地面飞行了一段距离。

可以说这是一种原始的滑翔机。后来，凯利去掉了牵引绳，准备让它做无动力飞行。

用风筝载人飞行，最出色的应该是俄国飞行家莫扎依斯基了。1873年到1876年间，他曾多次把自己吊在风筝上，让马拉着风筝起飞，就这样，他多次借助风筝在空中飞行。

1849年，凯利把自己制造的滑翔机拉到一个山坡上，请一个10岁的小男孩坐在吊舱里试飞。滑翔机载着小男孩从山坡上滑下来，慢慢离开了地面，飘飞在空中，就这样一直飞了好几米。

为了提高滑翔机的飞行性能，德国工程师和滑翔飞行家奥托·李林塔尔不厌其烦地继续做滑翔试验，从1891年到1896年，他的滑翔飞行试验次数超过2000次。这期间，他3次改进机械布局，使机械结构更符合空气动力学。最后，他制成的滑翔机很像蝙蝠的样子，分单翼和双翼两种。李林塔尔自己在滑翔中拍了许多照片，积累了大量数据，并编制了《空气压力数据表》，给后来的美、英、法等国的飞机制造者们提供了宝贵的数据。

1894年，李林塔尔操纵滑翔机从50米的高山坡上滑翔而下，飞行了350米，这在当时是一个惊人的成绩。在后来的几次实验中，李林塔尔的滑翔距离更是达到了惊人的1000多米！随着新闻报道，李林塔尔成为家喻户晓的人物，人们对他的飞行试验津津乐道，还为他取了"蝙蝠侠"这一生动的外号。

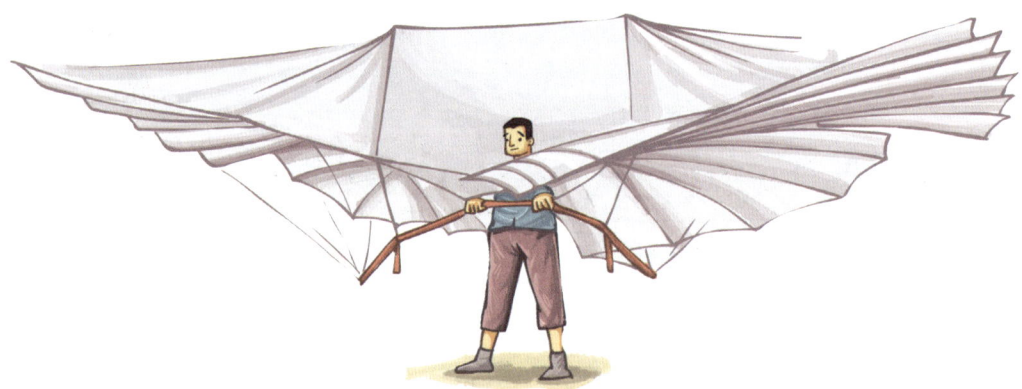

奥托·李林塔尔模仿鸟翼制造了一架"悬挂式滑翔机"。李林塔尔为了制造滑翔机，用了7年的宝贵时光，先后共制造了18种型号的滑翔机，因为他的突出贡献，人们称他为"滑翔机之父"。

1896年，李林塔尔在飞行中突然遇到迎面狂风，在他还未来得及将重心前移以使滑翔机下降之前，便和飞机一同坠落到了地面而去世。德国人为了纪念他的功绩，为李林塔尔树立了一座纪念碑，上面写着"最伟大的老师"。

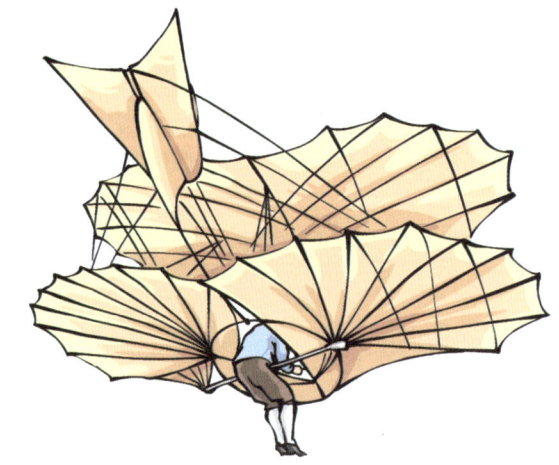

由风筝向飞机的演变，大约经历了两个过程：一是将风筝主体改造为滑翔机；二是用发动机代替牵引线提供的动力。

真正飞机的出现

1901年，美国的威尔伯·莱特和奥维尔·莱特兄弟在北卡罗来纳州的基蒂·霍克海滩上，做了滑翔机飞行实验。他们用绳子把滑翔机拴住，像放风筝那样放到空中，然后抓住扭转方向的绳索，来控制滑翔机平稳地飞行，并取得了成功。

莱特兄弟通过多次研究和实验，他们得出一个结论：要解决飞机操纵这个悬而未决的关键问题，必须给飞机装上某种能使空气动力学发挥作用的机械装置。有了理论指导，他们决定实施自己的计划。

1903年的夏天，莱特兄弟请来机械师查尔斯·泰勒，为他们的"飞行者"1号双翼飞机安装了一台汽车发动机。莱特兄弟开着装有汽车引擎的飞机试飞成功，飞行距离260米，时间达59秒。这是世界飞行史上成功飞行的第一架有动力的飞机，开创了飞行的新纪元。

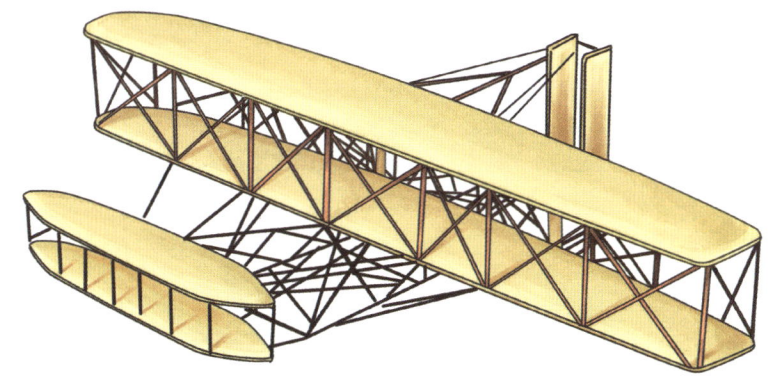

"飞行者一号"，是一架双翼飞机，机翼采用轻木作为骨架，翼展长约13米，骨架上面覆盖帆布。机身前面为升降舵，后面为方向舵，通过链条来带动螺旋桨。它装有一台大约77千克重，功率为8.8千瓦的活塞式发动机。

飞机飞行原理

飞机的机翼横截面一般前端圆钝、后端尖锐，上表面拱起、下表面平坦。当空气同时快速流过机翼上表面和下表面时，这种特殊的造型会导致机翼上、下的空气流速不同。这样，空气通过机翼上表面时流速快、压强小，通过下表面时流速慢、压强大，于是给飞机造成一个向上的合力，即向上的升力。当升力大于飞机的重量时，在牵动力的作用下，飞机就会离开地面，飞到空中。飞机飞行的速度越快，所产生的升力就越大。

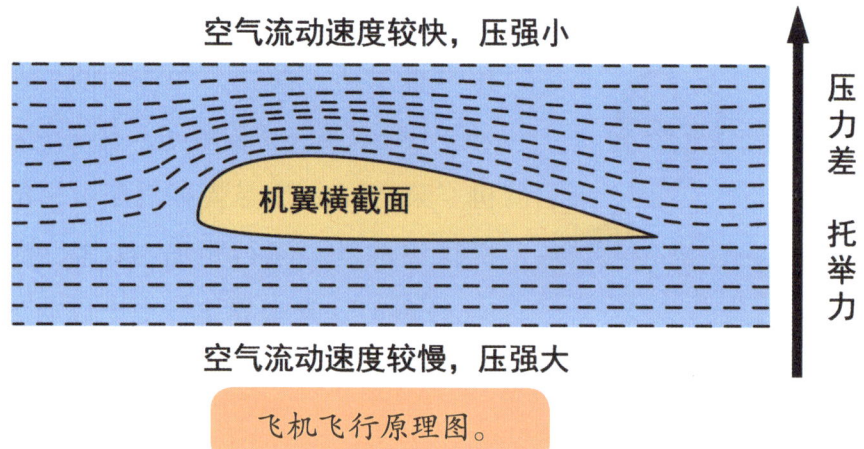

飞机飞行原理图。

莱特兄弟驾驶着"飞行者"1号成功试飞，极大地鼓舞了世界各地的发明者，大家充满信心，鼓足了干劲，加快了各自的研究步伐。

1908年，爱国华侨青年冯如在美国制造出了第一架飞机。1910年，冯如受到了孙中山的鼓励，继续研发飞机，这一年他制造出了第二架飞机，并在旧金山试飞成功。

从莱特兄弟发明第一架飞机开始,人们逐渐意识到航空技术在军事领域的重要性。各个国家都建立起了自己的空军力量,只要出现了某种先进的发动机技术和制造材料,就会第一时间用在军用飞机上,之后才会逐渐转为民用。轰炸机、战斗机、运输机等机型层出不穷,不断迭代更新,日趋先进和精密。

第一次世界大战于1914年爆发,给世界带来了深重的灾难,但却使飞机制造业迎来了历史上第一次大发展。在一战的主战场欧洲,参战各国全力发展飞机这一新型武器,使得航空制造业空前发达。这一时期,全球生产的飞机多达二十多万架。

直到一战结束,绝大部分飞机还是采用木布结构(使用木材作为大梁和骨架,用涂抹了清漆等防水材料的麻布来覆盖机翼),仅对飞机的外形和内部结构进行改善和调整。

"鸽"式单翼飞机。这是一种木布结构的轻型飞机,由工程师伊戈尔·埃特里希在1909年设计完成,1910年首飞,后由德国鲁姆普勒公司生产,一经推出便大受欢迎。在1911年,"鸽"式单翼飞机完成人类历史上首次空中轰炸任务,向世人展示了飞机作为军械的威力。

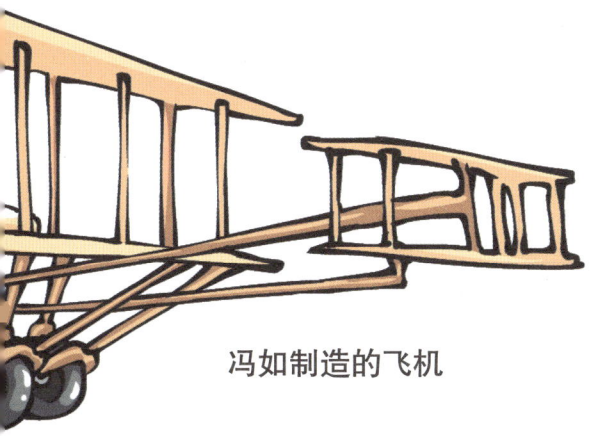

冯如制造的飞机

1912年,冯如在广州进行飞行表演时,不幸因飞机失事去世。冯如在我国航空史上留下了光辉的一页,在广州黄花岗建有这位航空先驱者的纪念碑。

飞机刚诞生时，都是用木材和帆布制成的，其坚固性与安全性可想而知。20世纪初期，人们开始尝试用金属来代替木头和布料制造飞机的主要结构。渐渐地，钢管取代了做机身骨架的木材，铝板取代了做蒙皮的布料，全金属结构的飞机就这样诞生了。因为材料结构的强度加大，飞机的性能和安全系数大为提高。全金属结构的采用，使将来制造更大的飞机成为可能。

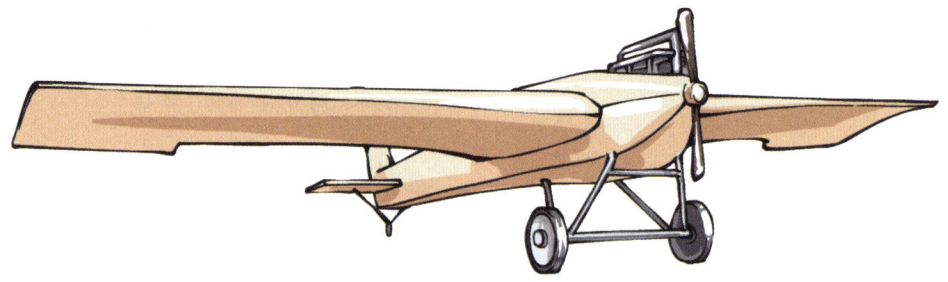

德国著名飞机设计师容克斯设计的J-1型飞机，于1915年12月12日首次试飞，它是世界上最早的全金属飞机。1919年他设计的世界上第一架全金属客机F-13试飞成功。

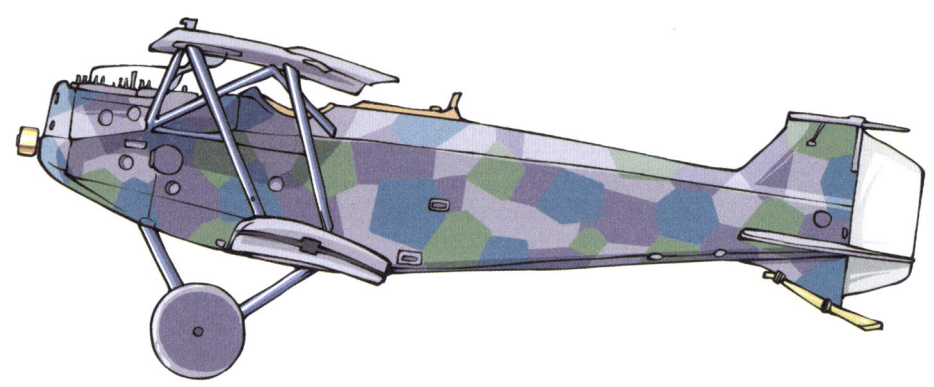

1917年汉诺威飞机公司研制的CL-3型飞机，1918年容克公司研制的CL-1型飞机，都是张臂式单翼飞机，机翼厚度比较大，采用当时不多的波纹金属蒙皮，座舱部位也有5毫米装甲保护，是世界上最早的全金属实用飞机，在战争中发挥了不小作用。

波音247型飞机于1933年首次试飞成功。它具有全金属结构和流线型外形，以及可以收放的起落架，航速为每小时248千米，航程776千米。它很受各航空公司的欢迎，成为美国民航运输史上的功臣。

第一次世界大战打断了民用航空飞行试验的进程，有限的航空技术资源都集中到了军事领域。一战结束后，过剩的军事航空工业转向民用运输业，但在各方面的表现均不好。

1930年，美国波音公司开始研制全金属客机——航空历史上著名的波音247型客机。它具有全金属结构和流畅的外形设计，采用下单翼结构，装有自动驾驶系统，起落架可以收放，可载客10人。1935年，美国道格拉斯公司成功研制出DC-3型客机。它可以搭载32名乘客，性能优越，巡航速度为290千米/时，航程达到了2415千米。这些飞机一经推出便引起了航空界的轰动，迅速收获了大量订单。

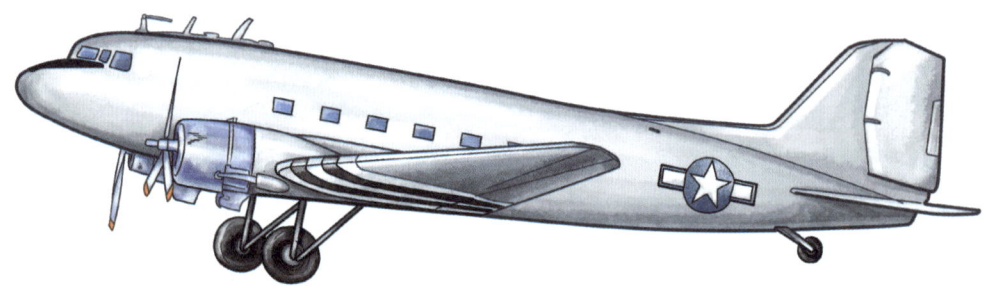

道格拉斯DC-3型飞机，采用双引擎活塞式螺旋桨设计，能载客30人。这种飞机性能优越，容易维修，曾是世界各国航空公司最为青睐的客机，累计生产数量为史无前例的13000余架。它曾在第二次世界大战中作为运输机参战。

波音314客机，别名"飞剪"号，是一种于1938年到1941年间由波音公司制造的大型水上飞机，它装备豪华，可搭载74名旅客。它巨大的机翼可以满足横越大西洋与太平洋的远程飞行需要。

规模空前的第二次世界大战于1939年爆发，再次刺激了各参战国对军用飞机的需求。航空工业的第二次大发展随之而来。许多国家都把属于全新军种的空军作为撒手锏来建设。在一战和战后工业发展的基础上，二战的飞机从性能到产量上都有了极大的发展。二战被称为"活塞式发动机飞机的黄金时代"，许多军史上著名的战斗机和轰炸机就出现在这一时期。

活塞式战斗机一直服役到20世纪70年代，才全面从世界各国的空军中退役。

诞生于英国的喷火式战斗机是二战时期欧洲具有代表性的活塞式战斗机。它采用单翼结构、全金属蒙皮,配有可收放的起落架,优良的性能使得它成为二战时期最先进的飞机之一。

P-51"野马"战斗机是二战时期美军性能最优秀的活塞式战斗机,是当年美军所使用的单引擎战斗机中航程最长的。

在二战末期，出现了喷气式战斗机，其发动机由原来的活塞式发动机改成了喷气式发动机。这一时期的飞机特点是速度快，机动性有较大的提高，但性能不稳定，使用寿命较短，但它们无疑开创了一个新的飞行时代。

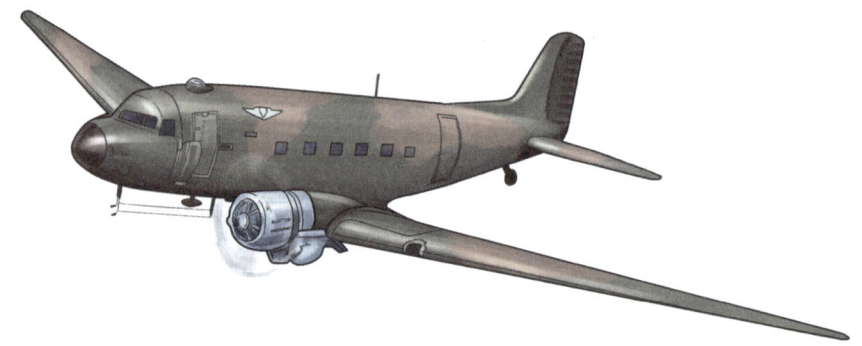

C-47运输机由美国道格拉斯公司著名的DC-3客机改装而成，于1940年开始装备部队。C-47运输机装备有两台活塞式发动机和进气增压器，可在8050米的高空执行任务，载重11800千克，具有高机动性的空中运输能力。

来自竹蜻蜓的启发

竹蜻蜓，是中国一种传统的玩具。用双手搓动中轴，带动两翼飞速旋转，当转到一定程度时，两翼旋转产生的动力会带动竹蜻蜓短时间飞上天空。中国的这种竹蜻蜓玩具，于15世纪中叶传入欧洲，被称为"中国陀螺"。

人们认为这为现代直升机的发明提供了启示，指出了正确的思维方向，被公认是直升机发展史的起点。

在手中搓转中轴，竹蜻蜓就会旋转着升到空中。竹蜻蜓是公元1400年前后，我国民间出现的玩具，它结构虽简单，但体现了复杂的空气动力学原理。

直升机的飞行原理

直升机旋翼产生升力的道理与竹蜻蜓是相同的，它们都靠顶部的桨叶（螺旋桨）旋转产生升力。

桨叶转得越快，产生的升力就会越大，当升力大于竹蜻蜓或直升机的重量时，它们就能起飞了。直升机在飞行时，只要通过改变螺旋桨旋转的速度就可以调节飞行高度。

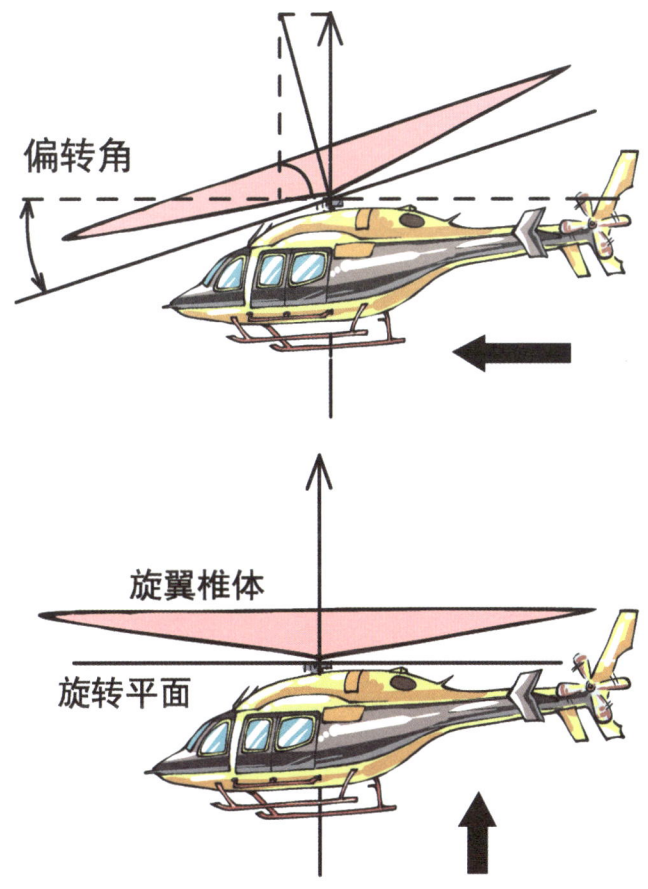

原理看上去很简单，但是从认识原理到实际造出直升机，经过了十分长的时间。

15世纪意大利的著名画家达·芬奇就曾设计过直升机，其草图和竹蜻蜓很相似，都是通过让翼面围绕中轴旋转，从而产生动力带动物体升空。

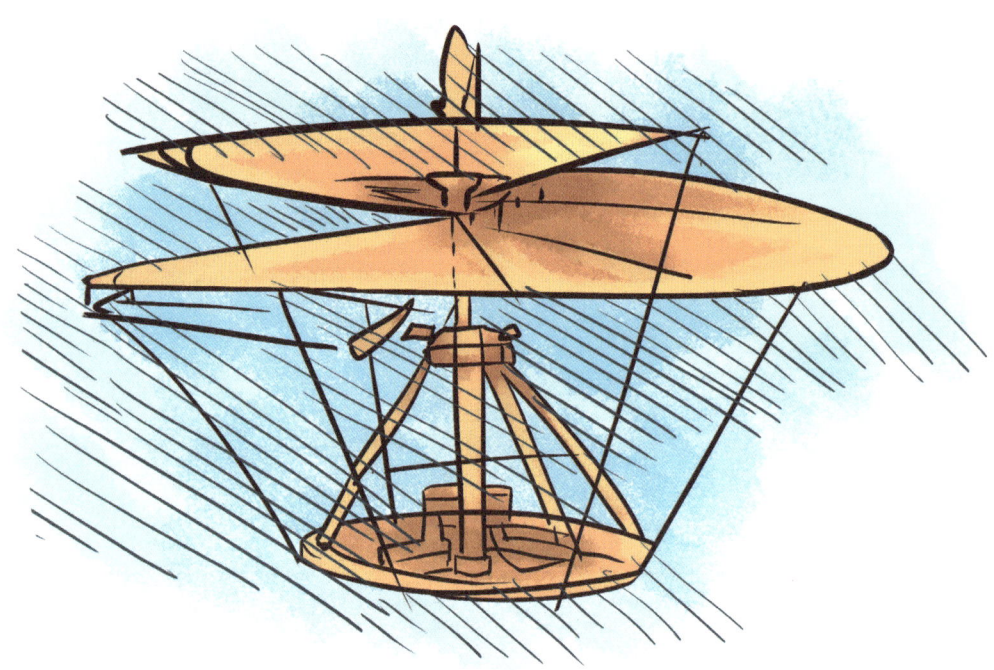

达·芬奇绘制的直升机草图。他设想中的飞行器以弹簧为旋转动力,当达到一定转速时,就会把机体带到空中,被认为是最早的直升机设计蓝图。

世界上第一个制造出载人直升机的人,是法国利济厄市的工程师保罗·科努。1907年11月13日,他坐进直升机里,亲自驾驶,但直升机离开地面只有0.3米,飞行时间仅有20秒。

世界上第一架真正能在空中盘旋的直升机诞生于1937年,由德国科学家福克·沃尔夫设计,被称为FW-61。这是一架横列式双旋翼直升机,也是世界上第一架真正能在空中盘旋的直升机。试飞那天,它从德国柏林起飞,以每小时68千米的速度安全飞到英国伦敦。

这种长距离的飞行,在当时还是第一次。FW-61的试飞成功,打破了垂直飞行器的飞行纪录,震动了世界航空界。

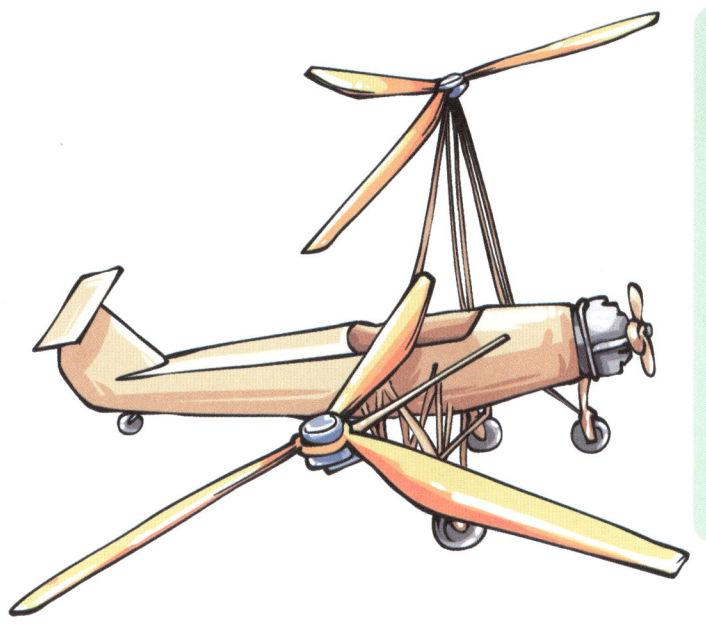

FW-61直升机沿用了普通飞机的机身和方向舵，机身前部装有一台发动机，起落架为三轮式，样子十分古怪。试飞那天，它由一名女子驾驶，它的试飞成功，打破了垂直飞行器的飞行纪录，震动了世界航空界。

在美国，一位年轻人正在为他的直升机梦想而努力。他的名字叫伊戈尔·伊万诺维奇·西科斯基，在12岁那年，他就曾仿照竹蜻蜓制作出一架橡筋动力的直升机模型。

1931年6月，西科斯基获得了直升机的发明专利，并做了多项技术突破，终于在1939年9月11日成功制造出VS-300直升机。这是美国历史上第一架实用直升机，同时也是世界历史上第一架成功的单旋翼带尾桨直升机，这种构型引领了半个多世纪的世界直升机制造潮流，当今世界上超过半数的直升机构型，都是以西科斯基发明的单旋翼带尾桨构型为基础。

伊戈尔·伊万诺维奇·西科斯基，1889年出生于俄罗斯帝国，后加入美国国籍。著名的飞机和直升机设计师，被誉为"现代直升机之父"。

1939年9月14日,西科斯基亲自驾驶单旋翼带尾桨常规布局直升机VS-300首飞成功。

西科斯基在 VS-400 试验直升机上试验和完善了单旋翼带尾桨构型。1942 年 1 月 14 日，由他设计制造的西科斯基 R-4 直升机进行首飞，成功实现了垂直上升、悬停、侧飞和倒飞。西科斯基 R-4 也是世界上首款大规模批量生产的直升机。

R-4 直升机是美国陆军航空兵、海军、海岸警卫队和英国空军、海军使用的第一种军用直升机。

这一阶段是直升机发展的早期。这一时期的直升机可称为第一代直升机，它们没有必要的导航设备，只有功能单一的目视飞行仪表，通信设备为电子管设备。

20世纪50年代中期至60年代末，是实用型直升机发展的第二阶段，这时的直升机被称为第二代直升机。

这个阶段的直升机，开始采用第一代涡轮轴发动机作为动力源。涡轮轴发动机产生的功率比活塞式发动机大得多，这使直升机性能得到很大提高。

20世纪60年代发明的S-61"海王"直升机是美国中型反潜多用途直升机,具有全天候作战能力,携带声呐设备、深水炸弹和可制导鱼雷等共计380千克的装备,可进行4小时以上的海上搜潜攻潜作业。

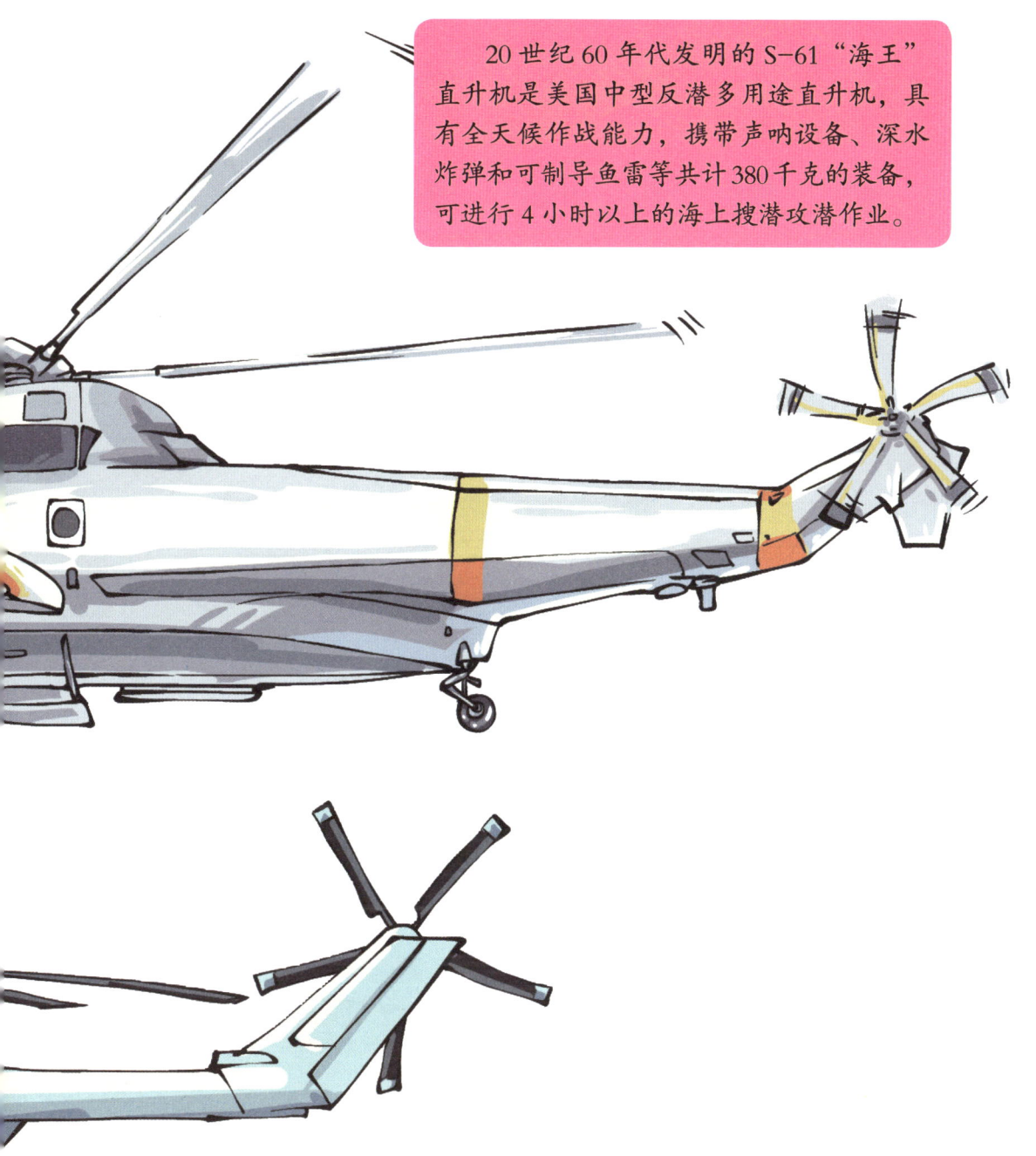

米-6,又名米-22,是苏联米里设计局设计的单旋翼带尾桨式重型运输直升机。该机于1957年试飞,同年秋季公开展出,是当时世界上"最大的直升机",可运载65～90名旅客,旅客携带的货物及行李放置在座舱的走道上。

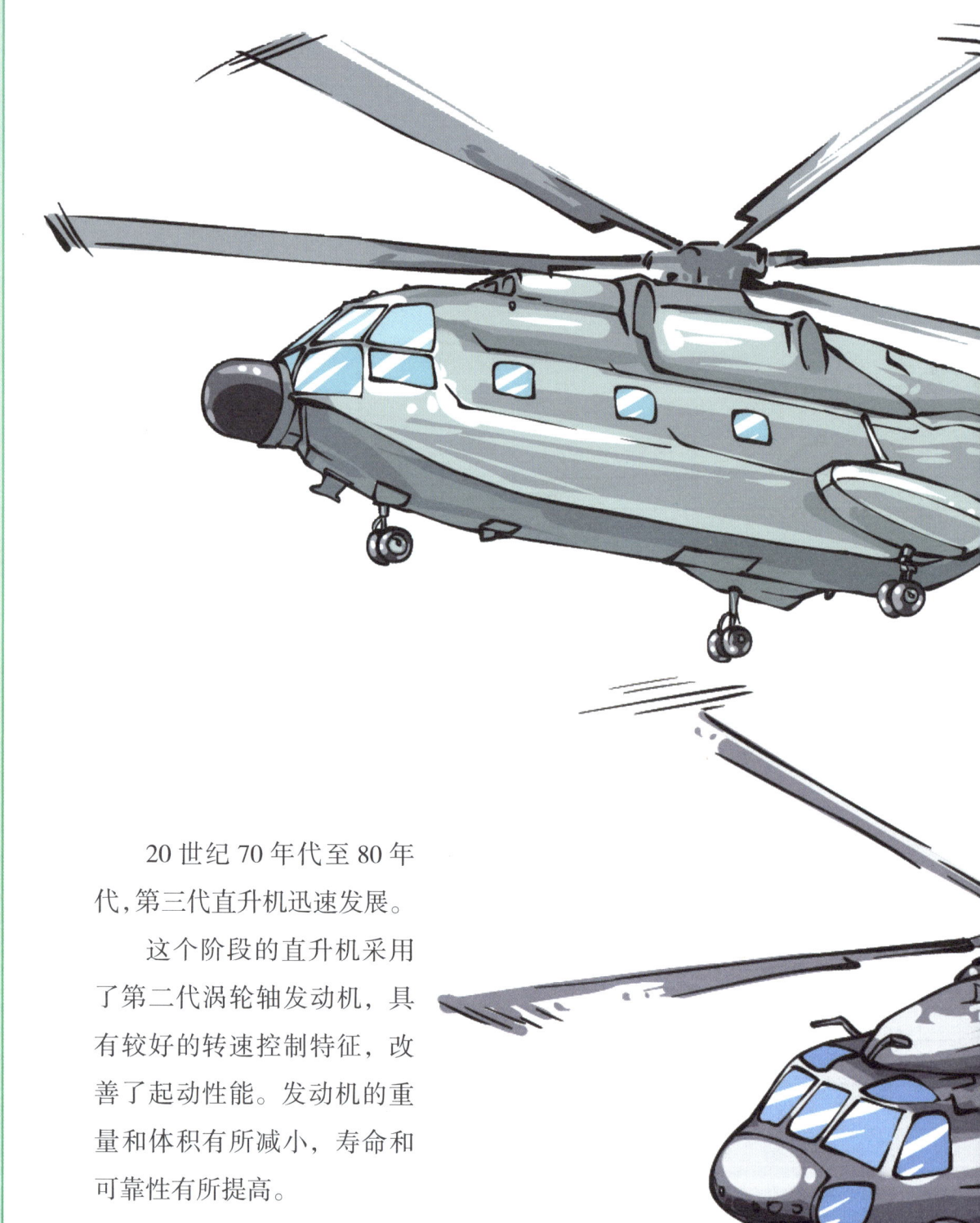

　　20世纪70年代至80年代，第三代直升机迅速发展。

　　这个阶段的直升机采用了第二代涡轮轴发动机，具有较好的转速控制特征，改善了起动性能。发动机的重量和体积有所减小，寿命和可靠性有所提高。

法国SA321"超黄蜂"多用途直升机。它的第一架原型机为部队运输机，于1962年12月7日首飞，1963年7月，该机创造了多项直升机的世界纪录；第二架原型机为海军型，于1963年5月28日首次飞行，该机主要是用于运输物资和输送伤员。

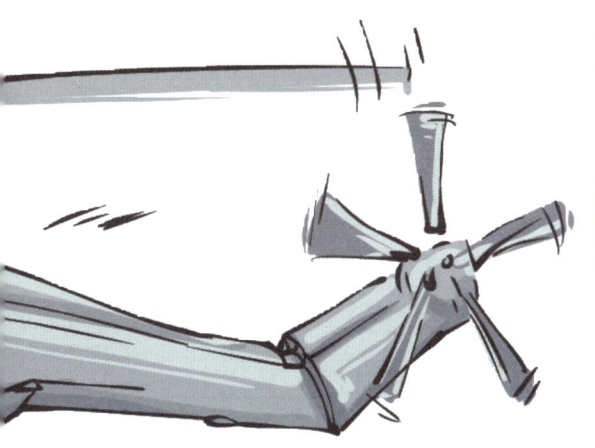

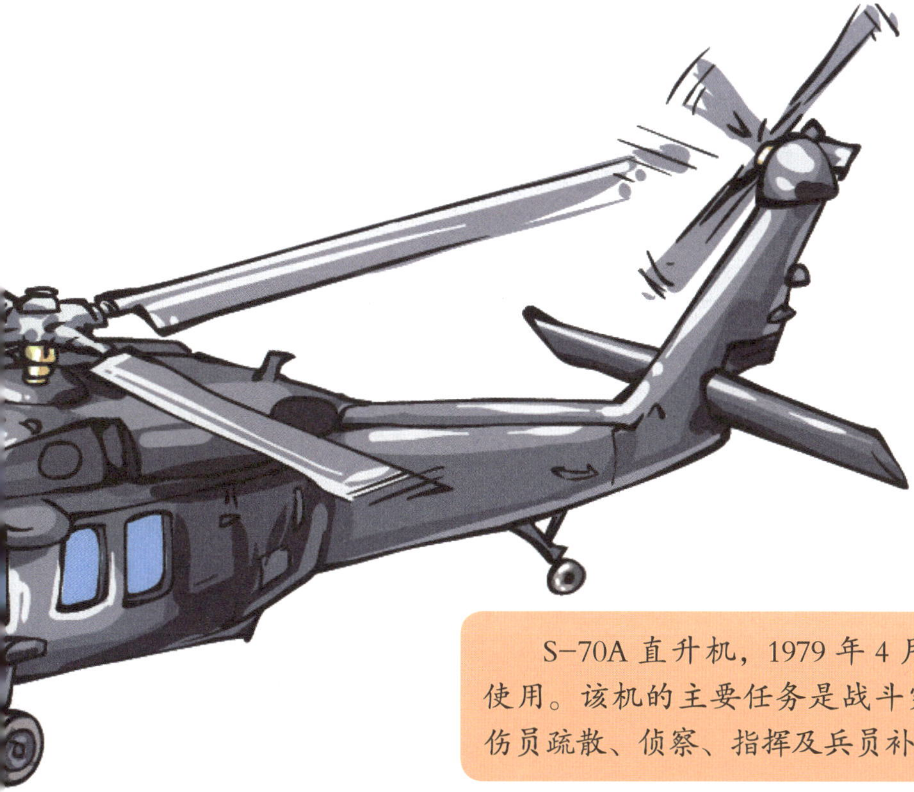

S-70A直升机，1979年4月开始交付使用。该机的主要任务是战斗突击运输、伤员疏散、侦察、指挥及兵员补给等。

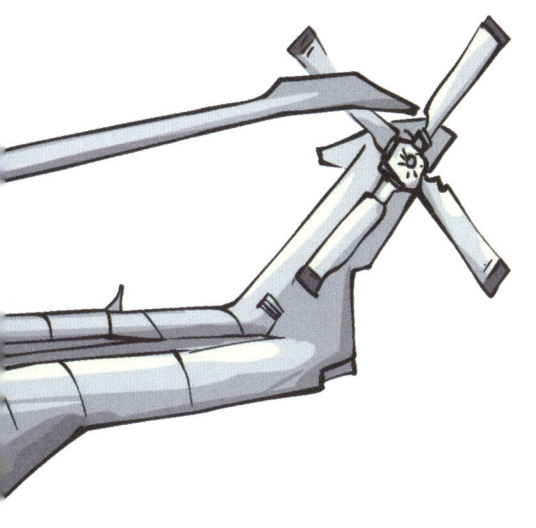

EH-101"灰背隼"是一种多用途直升机，由欧洲阿古斯塔·韦斯特兰公司研制，1987年6月成功首飞，它具有全天候作战能力，被应用于反潜、护航、搜索救援、空中预警和电子对抗等任务。它全长22.81米，装备3台CT-2A涡轮轴发动机。

20世纪90年代，直升机发展进入第四阶段，即直升机发展的现代阶段。科学家将目视、声学、红外及雷达综合隐身技术应用于直升机上，这就是武装侦察直升机。

这个阶段的飞机，具有良好的操纵响应特性、振动小、噪声小，使用的零部件数量也大大减少，提高了可维护性。还有，新的复合材料也在直升机上广泛应用。

2008年，俄罗斯设计局研制完成的新型武装直升机米-28N，主要作用是搜索、打击装甲武器以及地面的生存力量。米-28N被称为"暗夜猎手"，是俄罗斯目前最先进的武装直升机之一。

我国第一架国产新型武装直升机被命名为武直-10。第一架武直-10原型机在2003年4月完成首次试飞，大大提高了我国直升机的航空突击与反装甲能力。

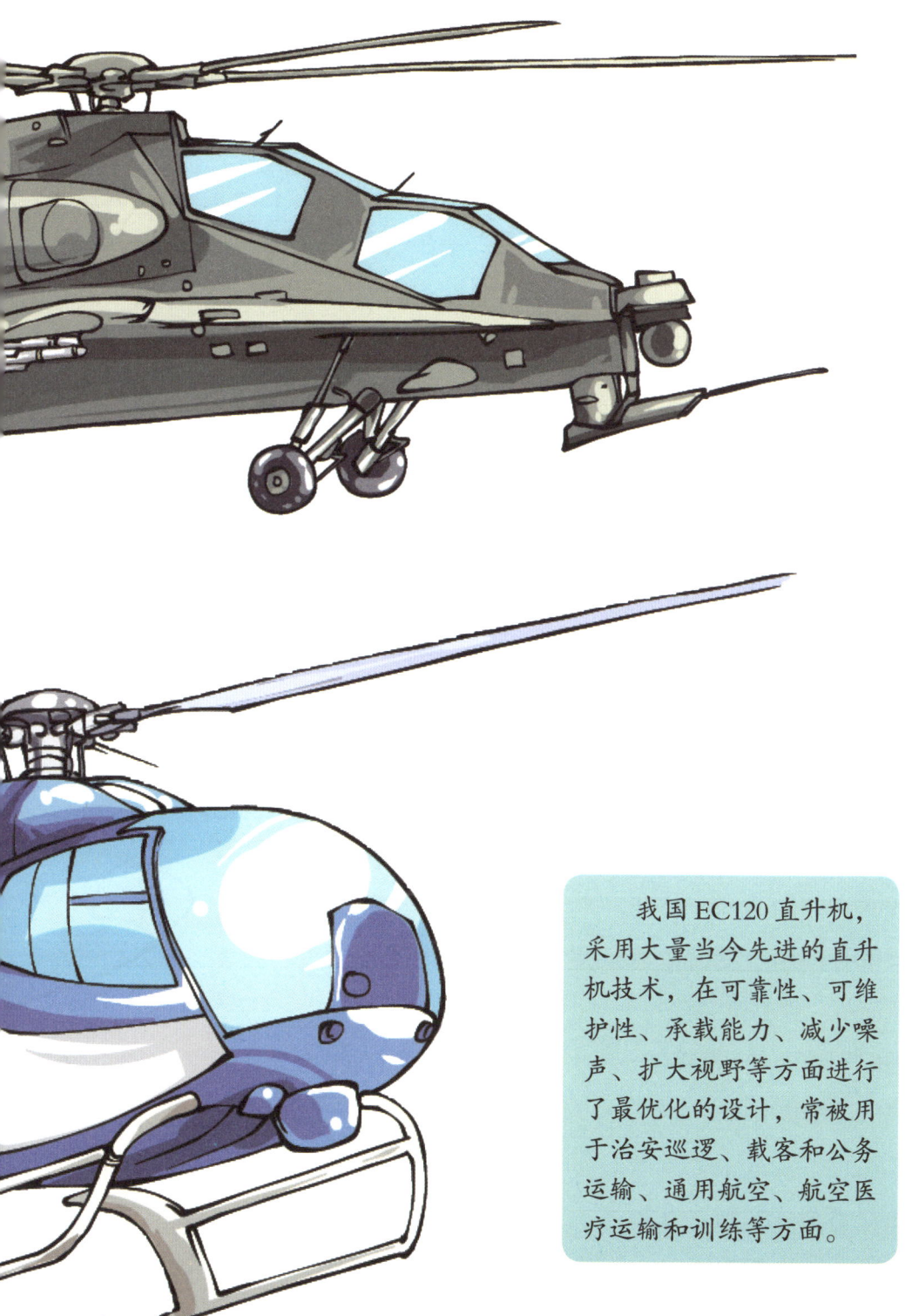

我国EC120直升机，采用大量当今先进的直升机技术，在可靠性、可维护性、承载能力、减少噪声、扩大视野等方面进行了最优化的设计，常被用于治安巡逻、载客和公务运输、通用航空、航空医疗运输和训练等方面。

反潜机

反潜机，是用来搜索、标定与攻击潜艇的军用飞机。常见的反潜机有固定翼飞机和直升机两种，有的从陆地机场起飞，也有的自水面舰船起降执行任务。

1915年8月26日，英国空军1架双翼轰炸机在飞经比利时西北海域时，无意间发现了海面上有1艘德国潜艇，当即投掷了2颗炸弹，将潜艇尾部炸伤。这艘潜艇虽然没有被击沉，但让各国的军事家看到了飞机在反潜方面的巨大作用。

鱼雷攻击机，是以鱼雷为主要武器攻击水面舰艇和潜艇的作战飞机，也是第二次世界大战期间重要的海上作战飞机。世界上第一架反潜机正是从鱼雷攻击机发展而来的。

第二次世界大战期间，发达国家的海军开始在飞机上装备适用于探测和攻击潜艇的装备，从此诞生了专门用于反潜作战的反潜机。到1942年初，德国的反潜机有300多架，英国的反潜机有400多架。第二次世界大战中，反潜机击沉潜艇412艘，占当时潜艇损失的37%。

> 美国P-7A反潜机，过去曾用代号P-3G，能在远离基地2900千米处执行反潜、反舰、布雷、监视、侦察等任务并连续工作4小时，作战高度在6000米左右。P-7A机长34.37米，最大巡航高度约10668米，作战半径约3500千米。

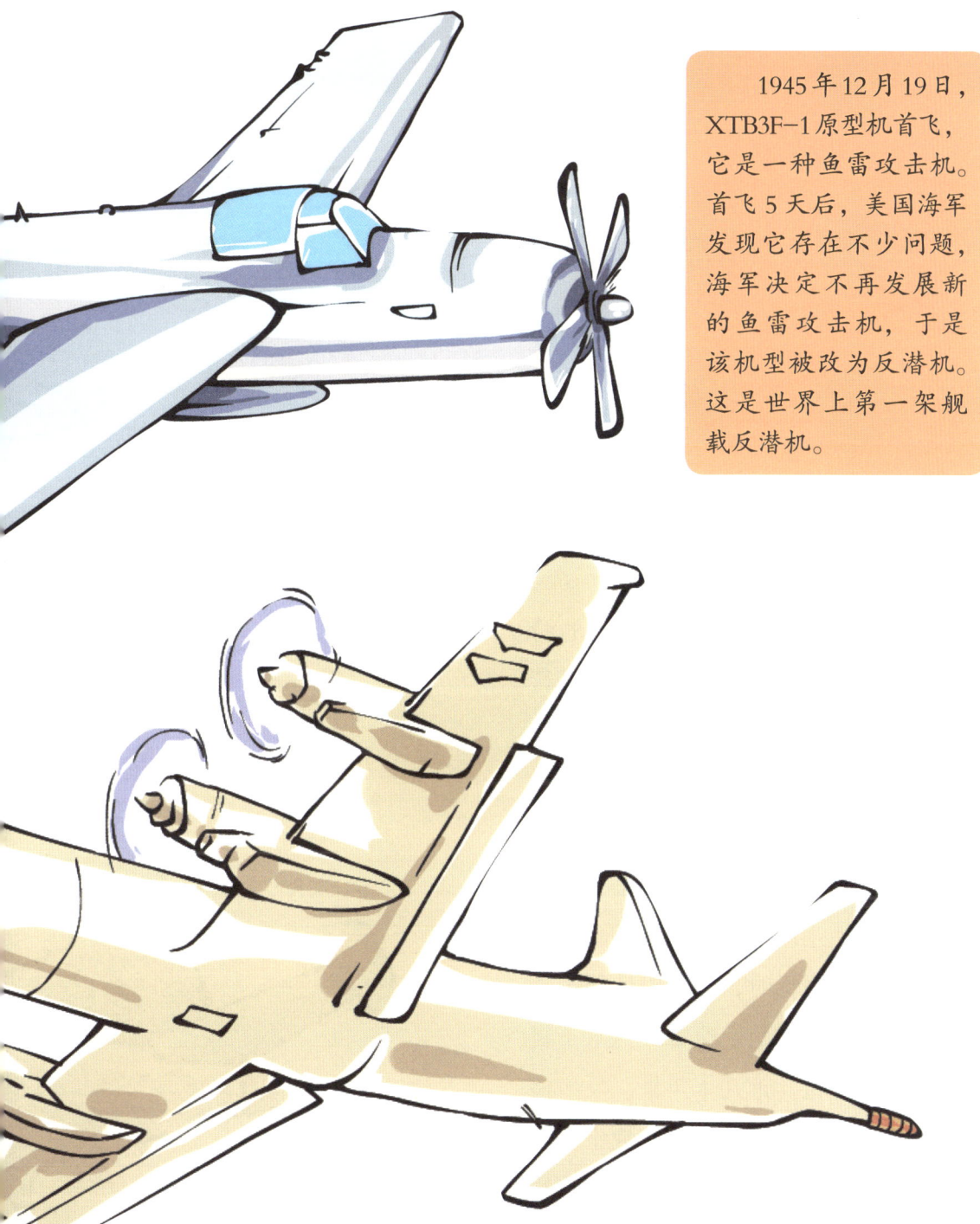

1945年12月19日，XTB3F-1原型机首飞，它是一种鱼雷攻击机。首飞5天后，美国海军发现它存在不少问题，海军决定不再发展新的鱼雷攻击机，于是该机型被改为反潜机。这是世界上第一架舰载反潜机。

反潜机具有快速、机动的特点，能在短时间内居高临下地进行大面积海域搜索。在固定水声支持下，反潜机探测到异常区域时，会利用雷达或红外系统，在探测到暴露于水面的异常反射体或是异常水温后，使用深水炸弹或鱼雷攻击；没有发现目标时，也可以使用声呐浮标，利用三角定位方式对水下目标进行定位。近几十年来，反潜机作战已经成为近代反潜作战中非常重要的一环。

P-8反潜机,是美国波音公司设计生产的新一代远程反潜作战的飞机,还能执行情报、监视和侦察任务。它能够进行大面积的海上和沿海作业,在人道主义和搜救任务中效率也很高。

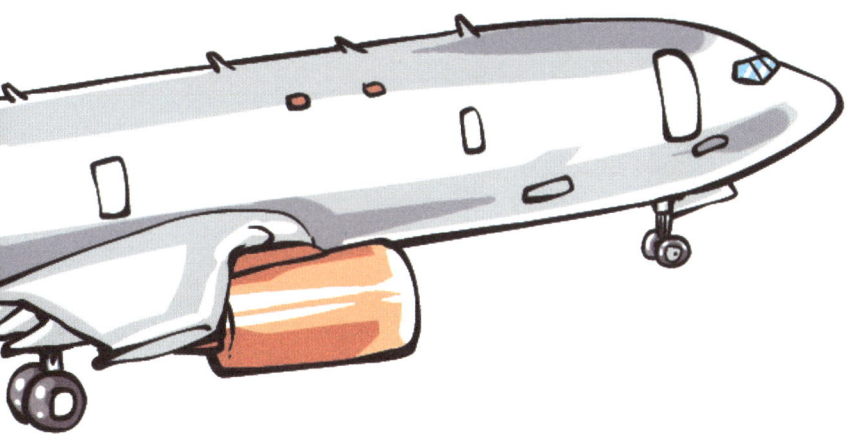

2015年,我国"高新"6号反潜机开始服役。它可进行大面积搜索,一天可以巡逻几十万平方千米的海域,它还能为导弹提供攻击目标的指示。

💬 反潜机的反潜原理

　　反潜机上装有"眼睛"——光学观察仪、电视和雷达，可以发现水面或水下航行的潜艇；装有"耳朵"——声呐装置，能够搜集潜艇螺旋桨在水下搅水的声音，以确定潜艇的具体位置；装有"鼻子"——废气探测器，通过水面空气抽样分析，根据潜艇柴油机释放的废气，

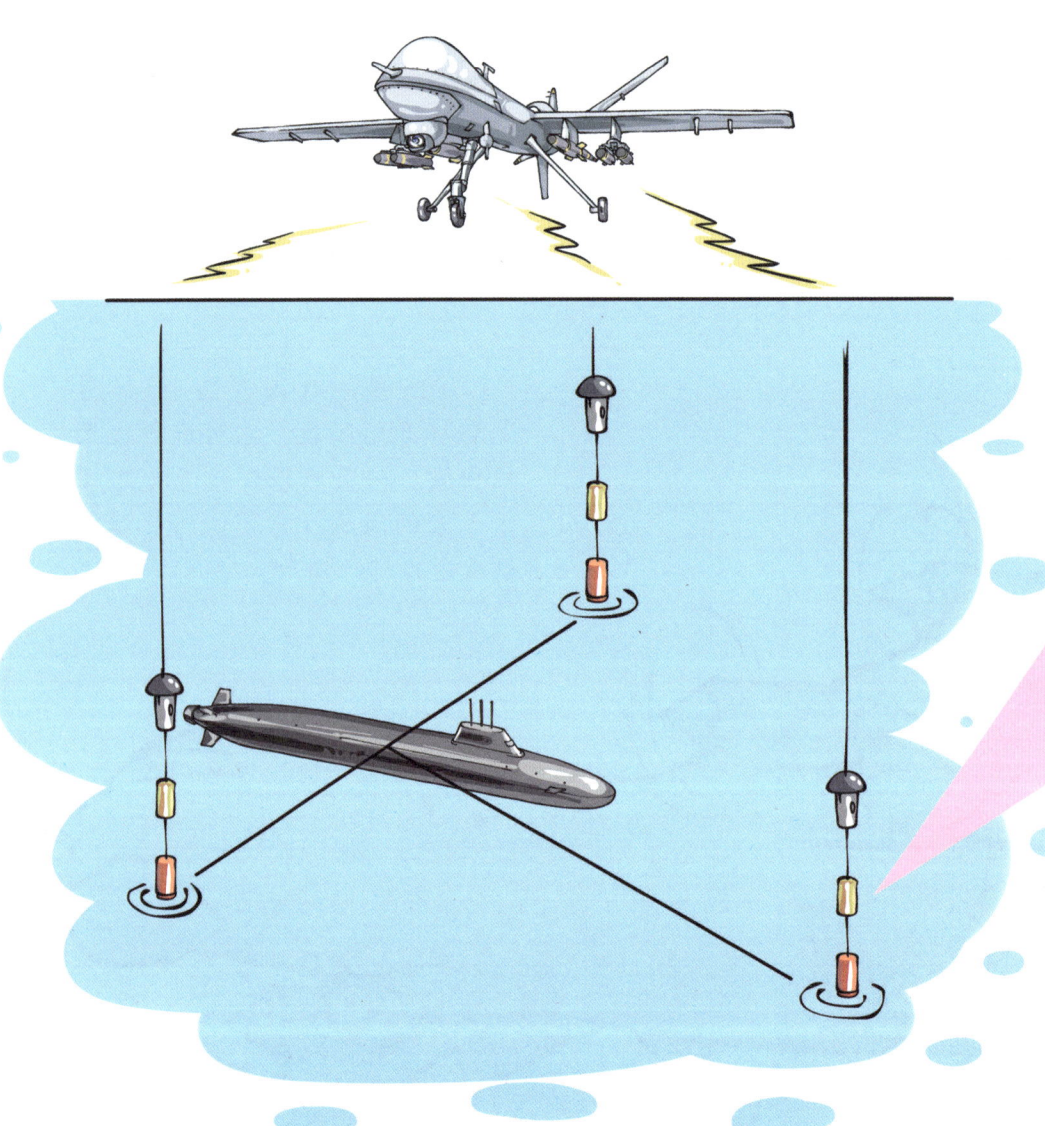

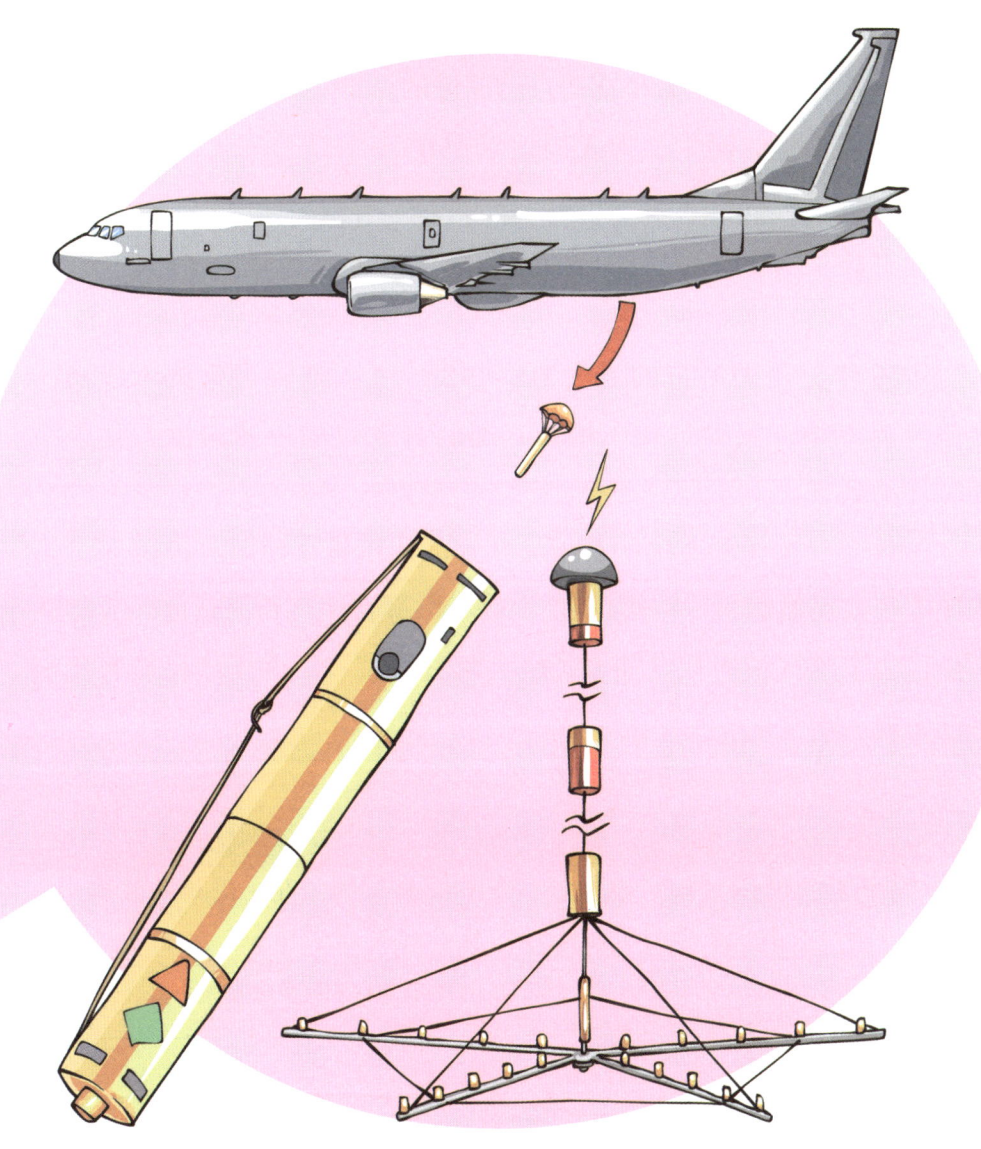

寻找潜艇的位置；装有"手"——红外探测器和磁场探测仪，用来发现潜艇周围水温和地球磁场的变化，以捕捉目标。反潜机利用身上的"火眼金睛"，使水下的潜艇很难逃脱其空中侦察。同时，反潜机还可以发现在深海工作的核动力潜艇。

喷气式飞机

喷气式飞机,是利用发动机高速喷射的燃气流所产生的反作用力来推动自己前进的。

喷气式飞机的诞生,为人们追求更快、更高的飞行目标提供了可靠的动力,并接二连三地打破了活塞式飞机飞行速度和高度的纪录。

1939年,德国制造的名为HE-178喷气式试验飞机试飞成功,这是世界上第一架喷气式飞机,它那震耳欲聋的声音向世人宣告喷气时代的到来。

1944年,德国和英国的首批喷气式战斗机投入使用。1949年,第一架喷气式民航客机——英国的"彗星"号首次飞行。从此,人类航空史进入了喷气机时代。如今,绝大部分作战飞机和干线民航客机都早已实现了喷气化。

> 波音737单通道喷气式客机,是世界上最受欢迎的客机之一。它采用可转向前三点式起落架布局,每个起落架配双轮,简单又经典。从1967年12月,波音公司向汉莎航空公司交付第一架波音737飞机开始,波音737累计卖出了14545架,至今仍然非常受欢迎。

世界上第一架喷气式飞机HE-178。该机装有一台由汉斯·冯·奥海恩研制的涡轮喷气发动机。

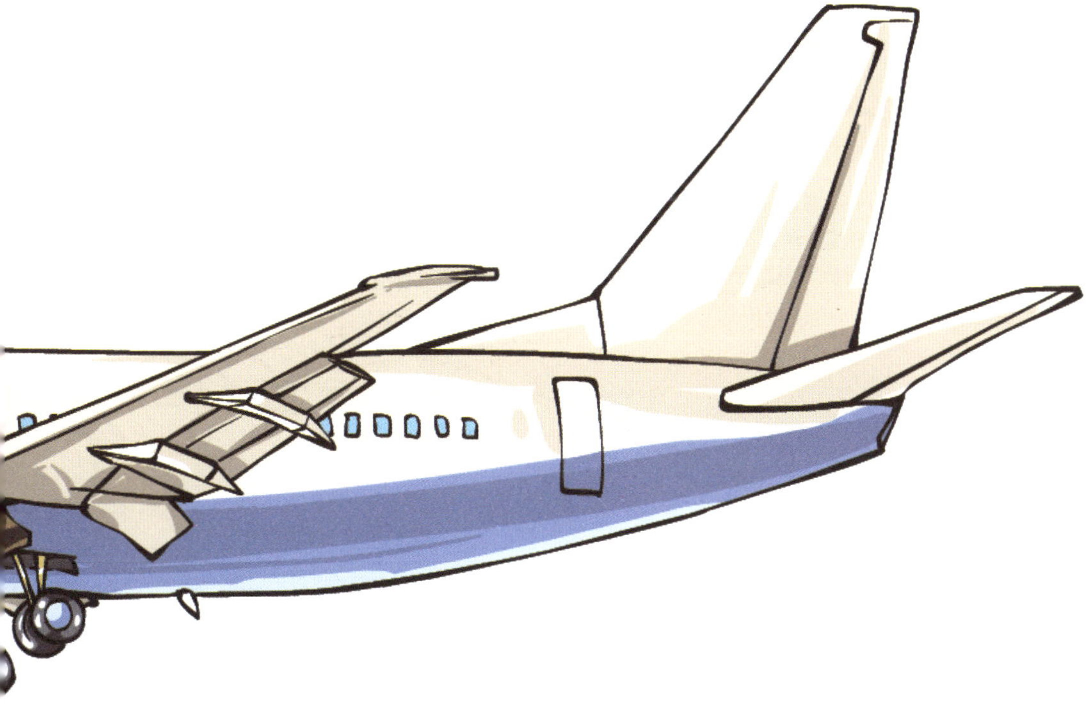

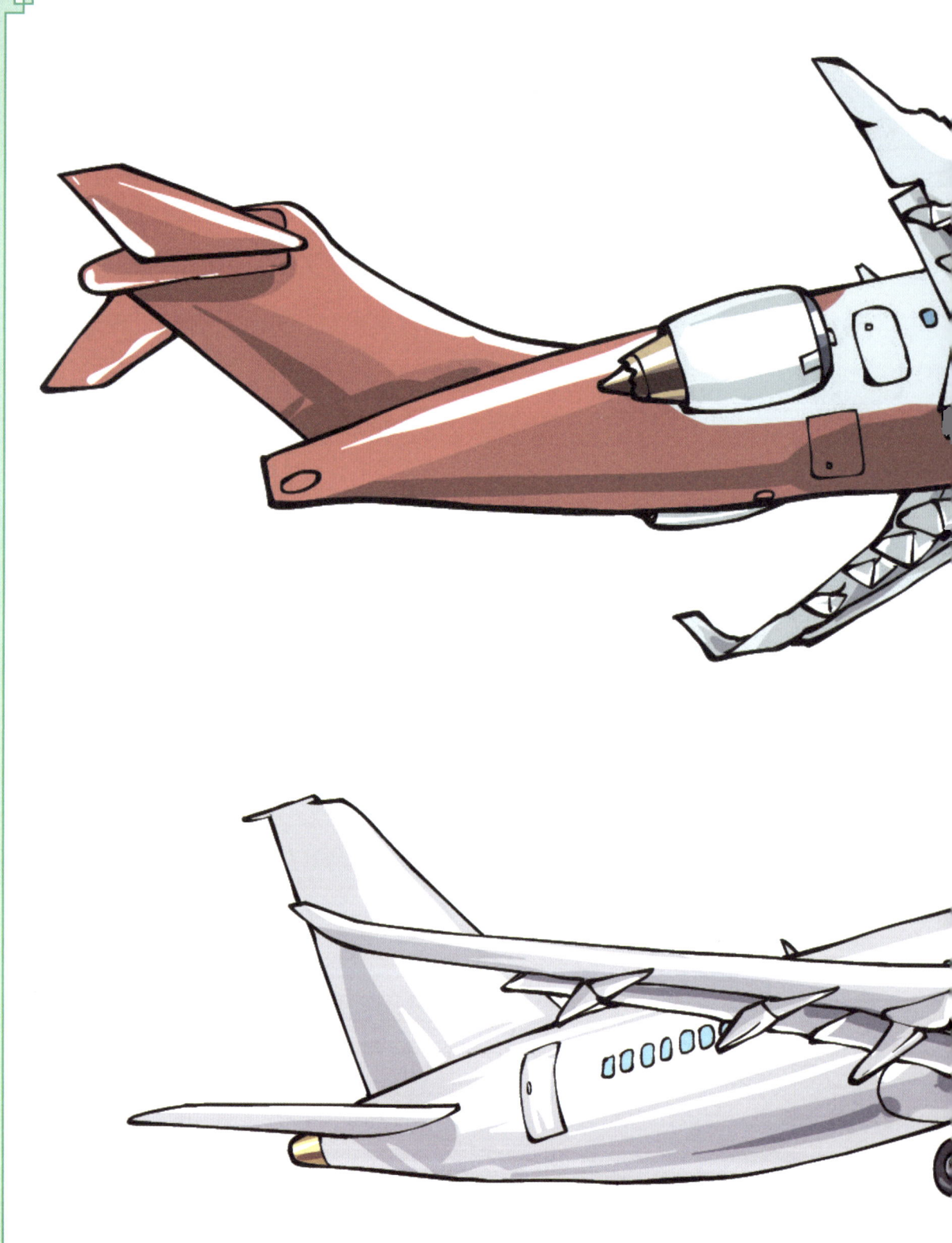

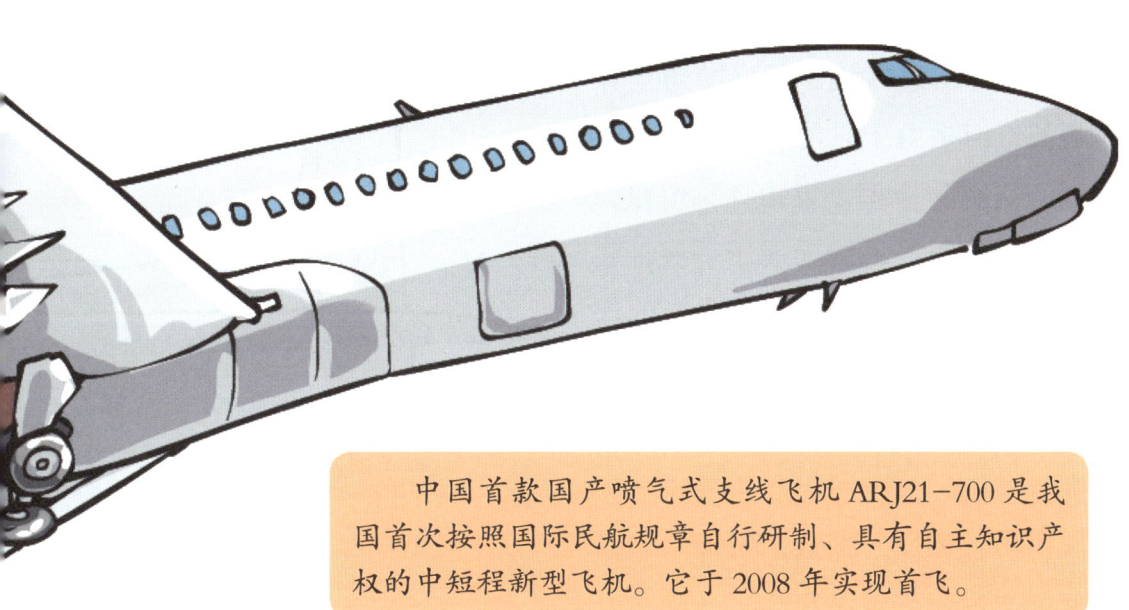

中国首款国产喷气式支线飞机ARJ21-700是我国首次按照国际民航规章自行研制、具有自主知识产权的中短程新型飞机。它于2008年实现首飞。

中国新一代大型喷气式客机C919，于2017年5月5日，在上海浦东国际机场成功首飞。

预警机

预警机进入战争领域的历史并不长,但是由于它能够有效降低敌机低空空防概率,集指挥、情报、通信和控制等系统功能于一身,起到活动雷达站和空中指挥中心的作用,已经成为军事领域的新宠。

预警机,又称空中指挥预警飞机。作战时,陆地上有指挥中心,而预警机相当于把这个指挥中心搬到了空中,可以居高临下,提前发现敌情。

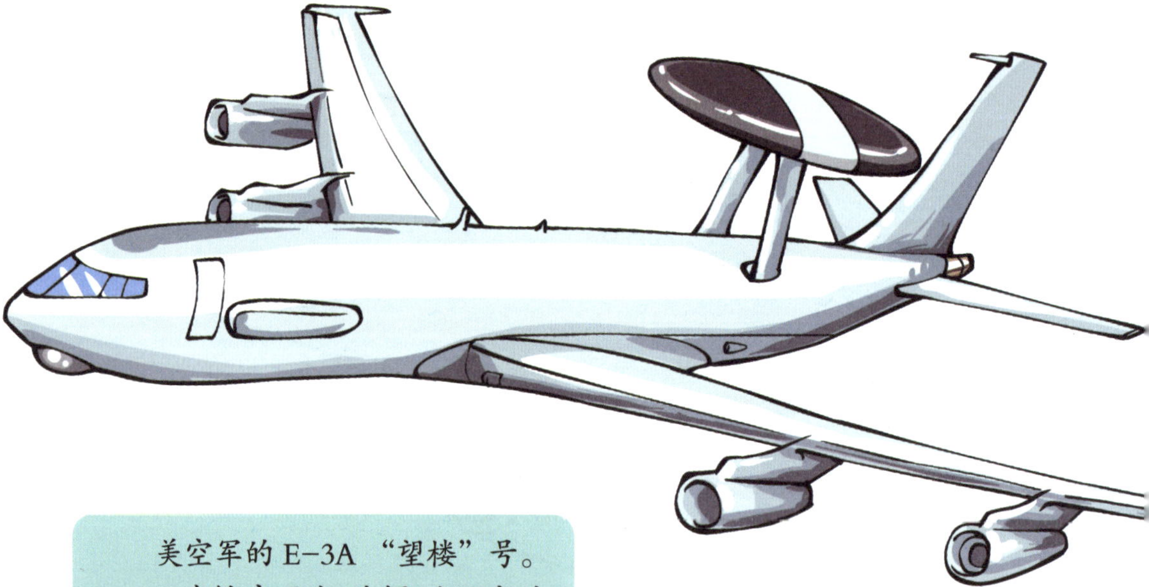

美空军的E-3A"望楼"号。E-3A对低空目标的探测距离达370千米,它在现代战争中能发挥重要的作用。

E-1B是世界上第一架实用的预警机，于1958年3月3日试飞成功，正式定名为E-1B"跟踪者"式舰载预警机，于1960年1月20日正式装备美国海军，它可探测海面舰只和空中入侵目标，指挥和引导战斗机准确攻击目标。

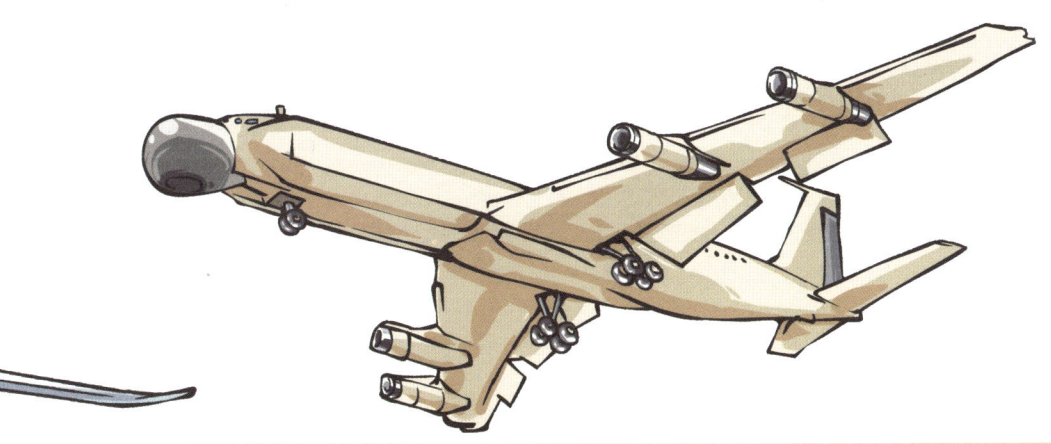

世界上第一种相控阵雷达预警机"费尔康"，于1993年在以色列首次试飞成功。该机采用了先进的电扫描技术，具有质量轻、造价低、可靠性高的特点。其监控范围直径约800千米，对飞机周围进行360°覆盖，可同时跟踪约250个目标。

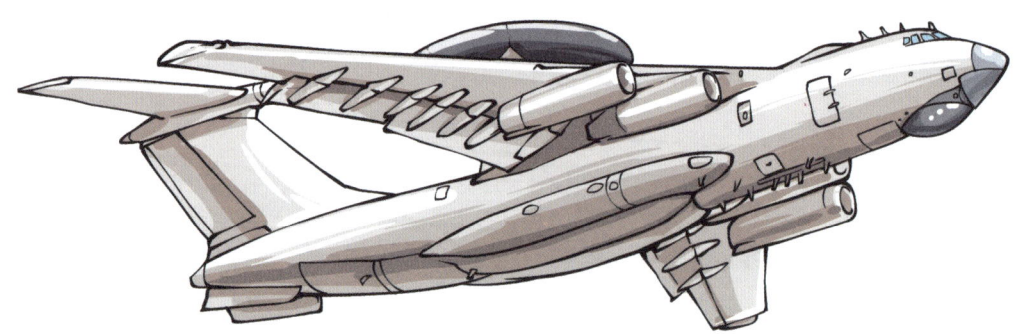

我国自主研发的空警-2000,机组乘员共计17人,主要分为空勤和战勤两组。空警-2000还参加了2019年的国庆阅兵式,在阅兵式上,空警-2000预警机和8架歼-10飞机组成了领队机梯队,于10月1日飞临天安门广场上空接受检阅。

头顶"锅盖"的E-2"鹰眼"舰载空中预警机,是美国海军现在唯一使用的舰载空中预警机。它可在离航空母舰数百千米外的地方进行探测预警作业,并指挥提供防空护卫,拦截敌方飞行目标,还可将资料传输给整个战斗群的舰艇。

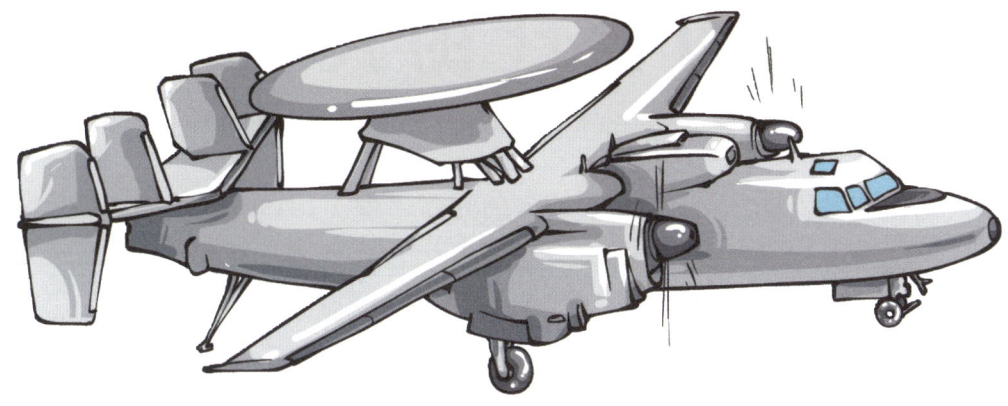

E-737 预警机,是波音公司为澳大利亚军方研制的大型预警机。E-737 预警机可同时跟踪约 300 个目标,在 9000 米高度飞行时探测距离达 850 千米,对战斗机目标下视探测距离为 370 千米。

预警机的原理

预警机大多数有一个显著的特征,就是机背上背有一个大"蘑菇",那是预警雷达的天线罩。

雷达的工作原理是,发射雷达波后,再通过接收器接收反射回来的雷达波,从而确定目标。

地面上的雷达发现不了低空和远距离的一些目标。而预警机则是把雷达背在"背上",在高空居高临下地侦察,因此能更早地发现目标以及敌人的战术动作,从而为己方策划和采取应对措施赢得更多的时间,这也是人们制造预警机的目的。

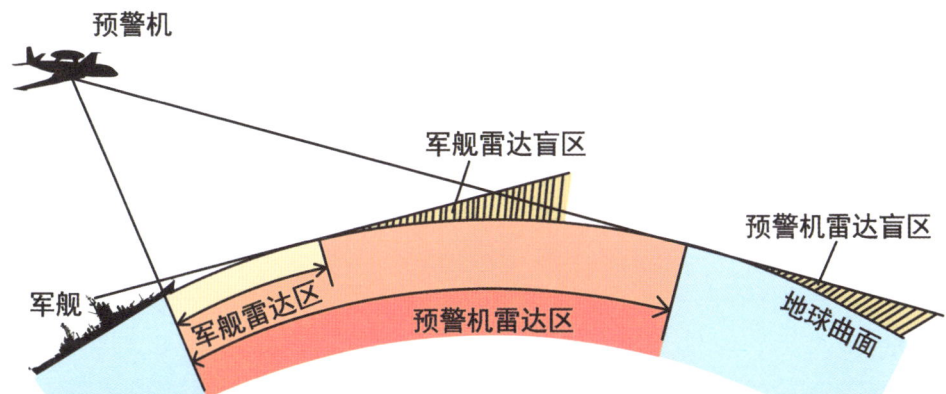

三、威力无比的火箭

古代的火箭

自从火药发明之后,一系列的火药武器出现了,其中之一便是火箭。

公元228年,当时蜀国丞相诸葛亮率军进攻陈仓(今陕西宝鸡东)时,魏国守将郝昭第一次在射出的箭上装上火把,焚烧了蜀军攻城的云梯,守住了陈仓。"火箭"一词便源于此。不过当时的火箭只是在箭头后部绑附浸满油脂的麻布等易燃物,点燃后用弓弩射至敌方,达到纵火目的的兵器而已。

古代的火箭,是中国人约在1000多年前发明的。它的结构一般是在箭矢外部绑上火药包,射箭的同时点燃引信,这样箭在飞到敌军中间时就会发生爆炸,产生巨大的杀伤力。这种火箭其实叫火药箭更合适一些,虽然不能和现代意义上的火箭相比,但它确实是现代火箭的鼻祖。

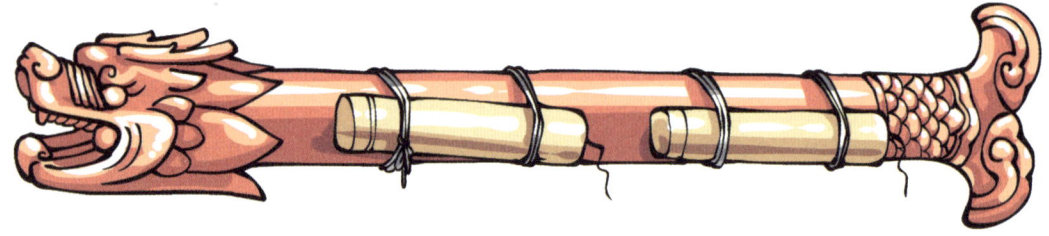

明朝的"火龙出水"。"火龙出水"与"飞空砂筒"一样是火箭,只是它可以水陆两用。它发明于明朝中期,也是世界上最早的二级火箭。

13世纪以后,中国的火箭武器已有很大发展。明朝时,已经出现了最早的二级火箭。这种火箭是用一支外部装有多个火药包的竹筒做成的,这些火药主要负责产生推动力,在被点燃后,推动竹筒向远处飞去。

"飞空砂筒"是能飞出去又飞回来的一种火箭，是一种二级火箭，是中国火箭制造史上的重大发明之一。

到达预定地点后，火药包中残余的火苗会点燃竹筒内部的火药，这些火药会在竹筒中间发生爆炸，同时推动箭矢从竹筒内部飞出，攻击敌人。

抗倭名将戚继光所在的部队中也装备了大量火箭。其中一种装备的箭长达到5尺以上，箭外绑火药筒，点燃后能推动火箭远射300步的距离，这种火箭在当时是令倭寇闻风丧胆的武器。

火箭一般是利用火药燃烧产生反向推动力飞向远处、攻击敌人的武器。

当然，这不是真正意义上的火箭，但在原理上，可以说是现代火箭的鼻祖。

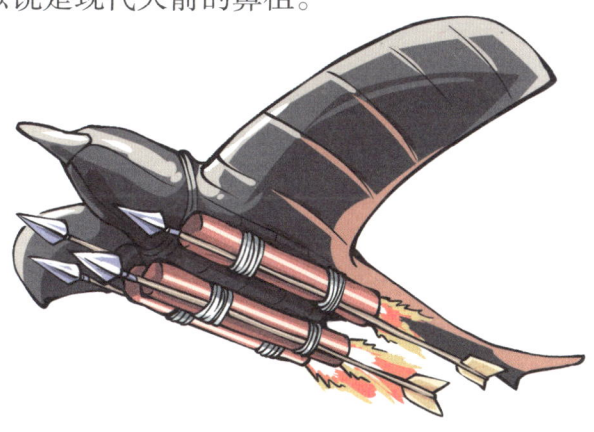

"神火飞鸦"，明代史书上记载的一种军用火箭，它是一种用细竹或者芦苇编织成乌鸦的形状，内部装有火药的火箭。鸦身两侧各装两支"起火"，"起火"的药筒底部和鸦身内的火药相连。点燃"起火"，"飞鸦"可射出300多米远。

古代火箭主要是用在军事上,并得到不断发展。

第一个想到利用火箭飞天的人,叫作万户,他本名陶成道,元末明初人。陶成道晚年时,把47个自制的火箭绑在椅子上,自己坐在上面,双手举着2只大风筝,然后叫人点火发射。他想利用火箭的推力,加上风筝的力量飞到高空。不幸火箭爆炸,万户为此献出了生命。

万户，第一个想到利用火箭飞上天的人，被称为"世界航天第一人"。为纪念他，国际天文学联合会将月球上的一座环形山以这位古代的中国人命名，叫万户山。

大约在 13 世纪末至 14 世纪初，中国的火药与火箭等火器技术传到了印度、阿拉伯，并经阿拉伯传到了欧洲，引发了阿拉伯与欧洲各国对火箭技术研发的热潮，推动了火箭技术的发展。

现代的火箭

到了近代，古代火箭技术在战争中能够起到的作用已经十分有限，而它到底能不能冲上太空，对当时的人来说，还是一个未知数。

到了 20 世纪初，俄罗斯著名科学家康斯坦丁·齐奥尔科夫斯基从理论上证明了多级火箭可以克服地球引力而进入太空，并建立了火箭运动的理论根据，奠定了航天飞行动力学的基础。他肯定了液体火箭发动机是航天器最适宜的动力装置，为运载器的发展指出了方向。他提出火箭要飞向其他行星，必须设置中间站，还提出了火箭在星际空间飞行的条件和火箭地面起飞条件。他的这些理论都在逐步实现。

康斯坦丁·齐奥尔科夫斯基为航空航天科学的发展贡献了毕生的精力，做出了卓越贡献，被誉为"宇航天文学之父"。

康斯坦丁·齐奥尔科夫斯基，俄罗斯人，举世闻名的科学家。他提出的论文论证了宇宙航天的可能性，提出的齐奥尔科夫斯基公式是现代所有的导弹、卫星、太空探索等航天科技的基础。

火箭升入太空的原理

火箭是利用自身携带的燃料燃烧喷气获得的反作用力升空的，相互作用的两个物体之间的作用力和反作用力总是大小相等，方向相反，作用在同一条直线上的。火箭自身携带的全部推进剂，足以把它推动到一定的宇宙速度而脱离地球的吸引力，进入太空。

第一宇宙速度是 7.91 千米/秒，火箭可以绕轨道飞行，不再落到地面；第二宇宙速度是 11.2 千米/秒，火箭可以冲出地球的束缚；第三宇宙速度是 16.7 千米/秒，火箭可以飞出太阳系。

罗伯特·戈达德，是美国教授、工程师和发明家，液体火箭的发明者。他从 1920 年开始研究液体火箭，于 1926 年 3 月 16 日发射了世界上第一枚液体火箭。自从这一刻开始，人类进入了现代火箭时代。

戈达德是美国最早的火箭发动机发明家，被公认为"现代火箭技术之父"。

罗伯特·戈达德试验成功的液体火箭长 3.04 米，飞行了 2.5 秒，飞行高度达到 12 米，飞行距离达到 56 米。

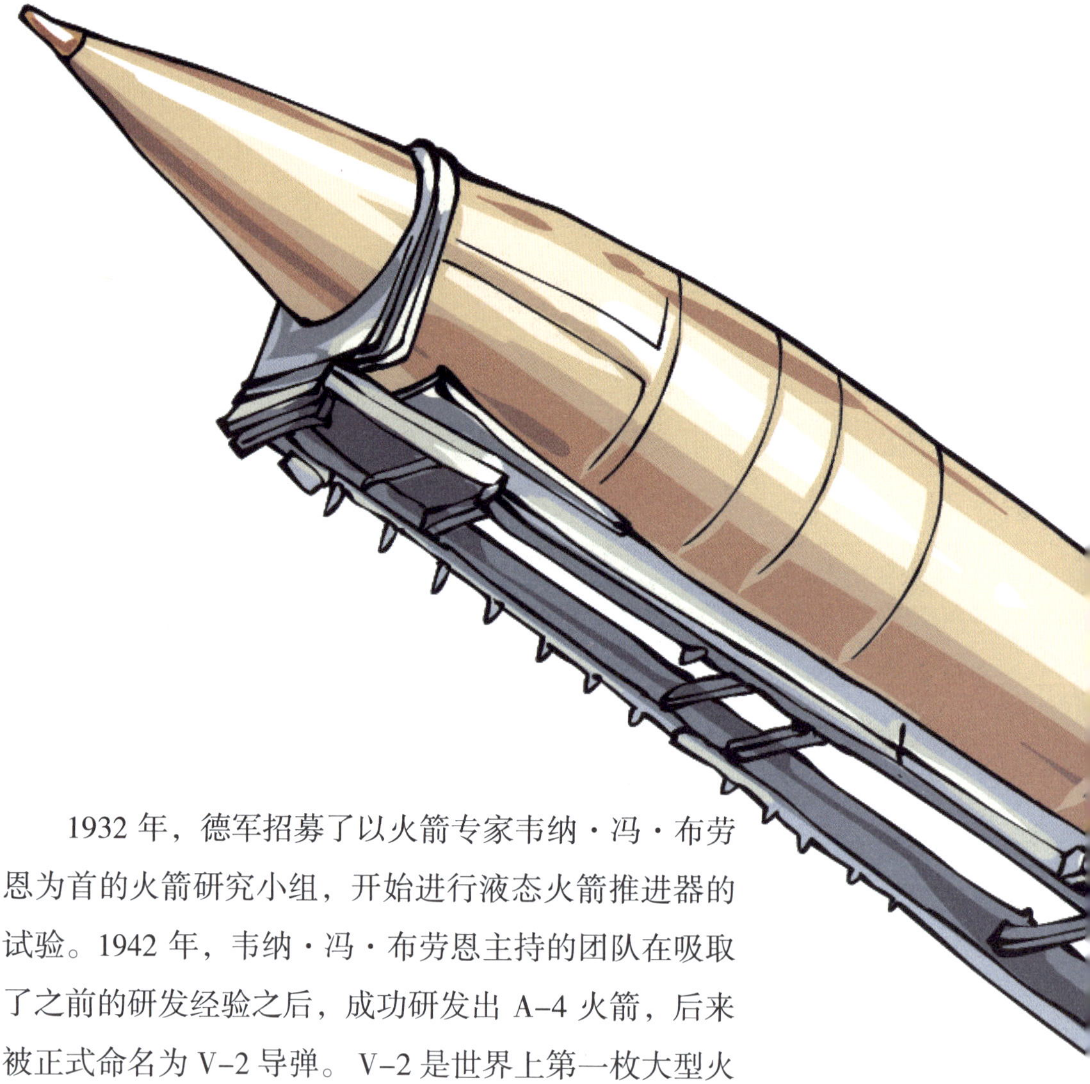

1932年,德军招募了以火箭专家韦纳·冯·布劳恩为首的火箭研究小组,开始进行液态火箭推进器的试验。1942年,韦纳·冯·布劳恩主持的团队在吸取了之前的研发经验之后,成功研发出A-4火箭,后来被正式命名为V-2导弹。V-2是世界上第一枚大型火箭导弹,也是世界上最早投入实战的弹道导弹。

现代运载火箭和弹道导弹是同源的，而运载火箭的基础正是V-2导弹的技术。运载火箭可以用来发射人造卫星、人造行星、宇宙飞船等，但它只要装上弹头，就可以摇身一变成为导弹。

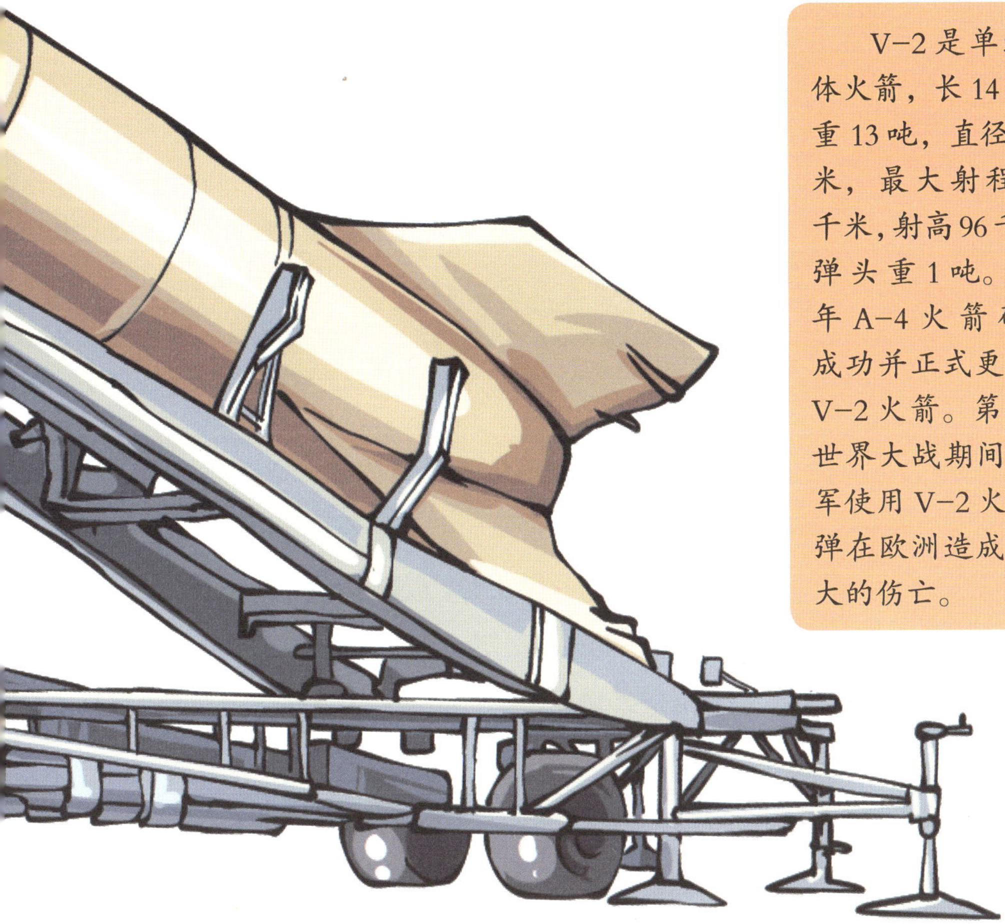

V-2是单级液体火箭，长14米，重13吨，直径1.65米，最大射程320千米，射高96千米，弹头重1吨。1942年A-4火箭研发成功并正式更名为V-2火箭。第二次世界大战期间，德军使用V-2火箭导弹在欧洲造成了巨大的伤亡。

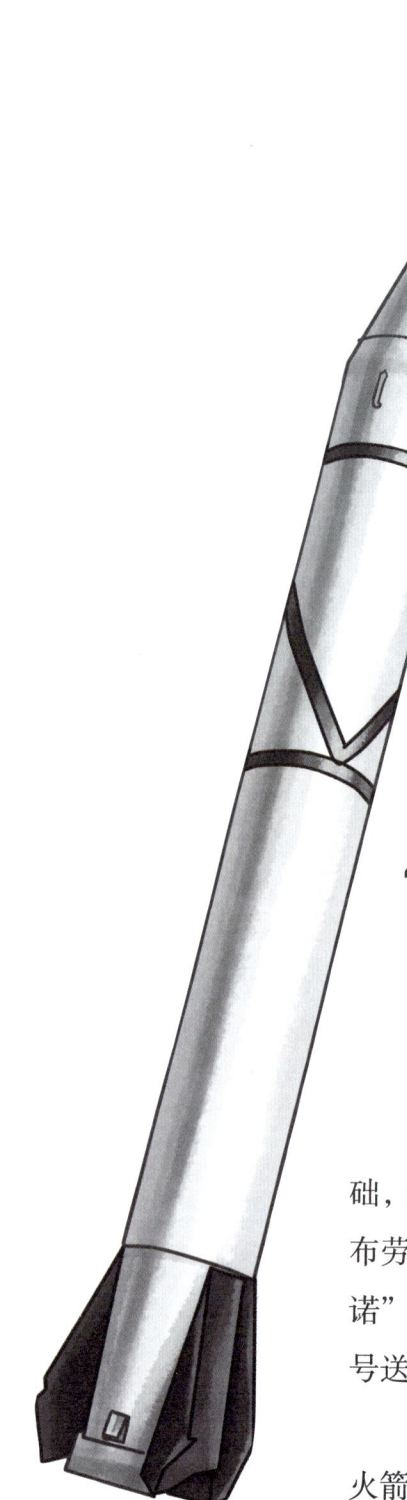

"丘诺"1号运载火箭

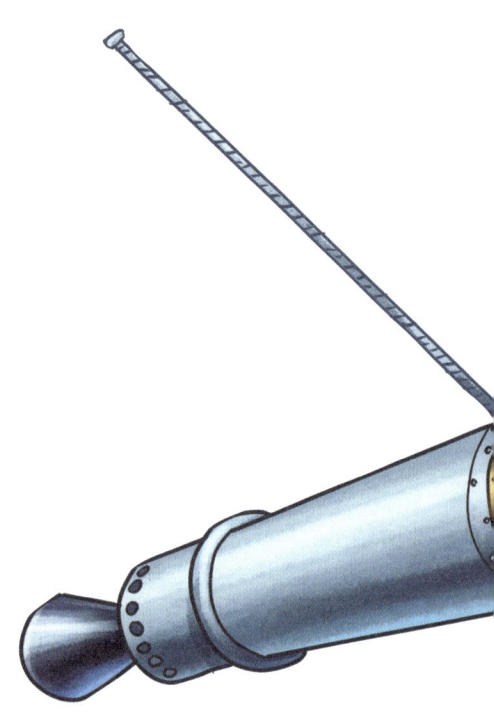

二战结束后,布劳恩及其科研班子以V-2为基础,继续从事火箭、导弹和航天研究。1958年1月,布劳恩主持研制的"丘比特"C运载火箭改名为"丘诺"1号,成功地将美国第一颗卫星——"探险者"1号送入了预定轨道。

1969年,布劳恩领导研制的"土星"5号运载火箭,将第一艘载人登月飞船"阿波罗"11号送上了月球,他被称誉为"现代航天之父"。

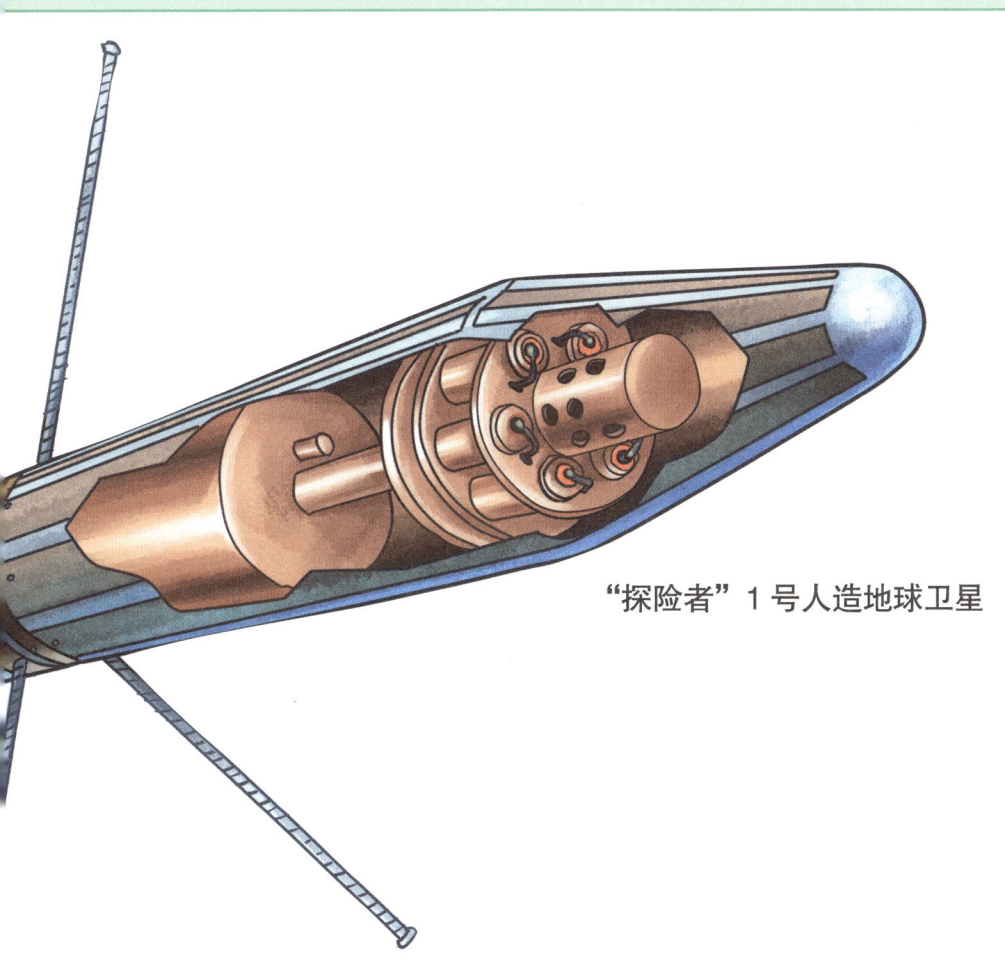

"探险者"1号人造地球卫星

火箭技术快速进步，苏联加大了研制火箭的力度，成功地研发出了R-7"塞梅尔卡"洲际弹道导弹。1957年10月4日，又将R-7导弹改造为运载火箭，把世界第一颗人造卫星——"斯普特尼克"1号成功送入了轨道。

同时美国也加快了研究的步伐，1958年1月31日，在韦纳·冯·布劳恩的主持下研制成功的"丘诺"1号运载火箭将"探险者"1号卫星送入太空。

在探索太空的道路上，美国和苏联你追我赶，不甘落后。1959年苏联用"东方"号运载火箭发射了月球1~3号探测器。1961年4月12日，"东方"号运载火箭又把世界上第一位宇航员加加林送上太空。

苏联的火箭，主要是"东方号"系列火箭，是世界上第一个航天运载火箭系列，包括"卫星"号、"月球"号、"东方"号、"上升"号、"闪电"号、"联盟"号、"进步"号等型号，后四种火箭又构成了"联盟"号子系列火箭。

其中，"东方"号火箭因发射"东方"号宇宙飞船而得名，它于1961年4月12日把世界上第一位宇航员加加林送上地球轨道飞行并安全返回地面。"联盟"号火箭是"联盟"号子系列中的两级型火箭，因发射"联盟"系列载人飞船而得名。

苏联的"联盟"号运载火箭，自1967年以来就作为发射所有"联盟"号宇宙飞船的运载火箭而家喻户晓。实际上它还曾将非载人的"进步"号货运飞船发射到了国际空间站。它至今已经发射了1000多次，成功率达到97.9%。

"质子"号系列运载火箭是苏联第一种非导弹衍生的、专为航天任务设计的大型运载器。在"能源"号重型火箭投入使用以前,该型号是苏联运载能力最大的运载火箭。

质子–K/DM 组级火箭于 1974 年 3 月 26 日第一次发射,将宇宙 –637 卫星(苏联的第一颗地球同步轨道通信卫星)送入轨道。该火箭在 1990 年停止使用。

质子–K/DM 组级运载火箭,是苏联"质子"号运载火箭家族中的第一种四级型号火箭。这种火箭及其改型是苏联大型深空探测器的主要运载工具。

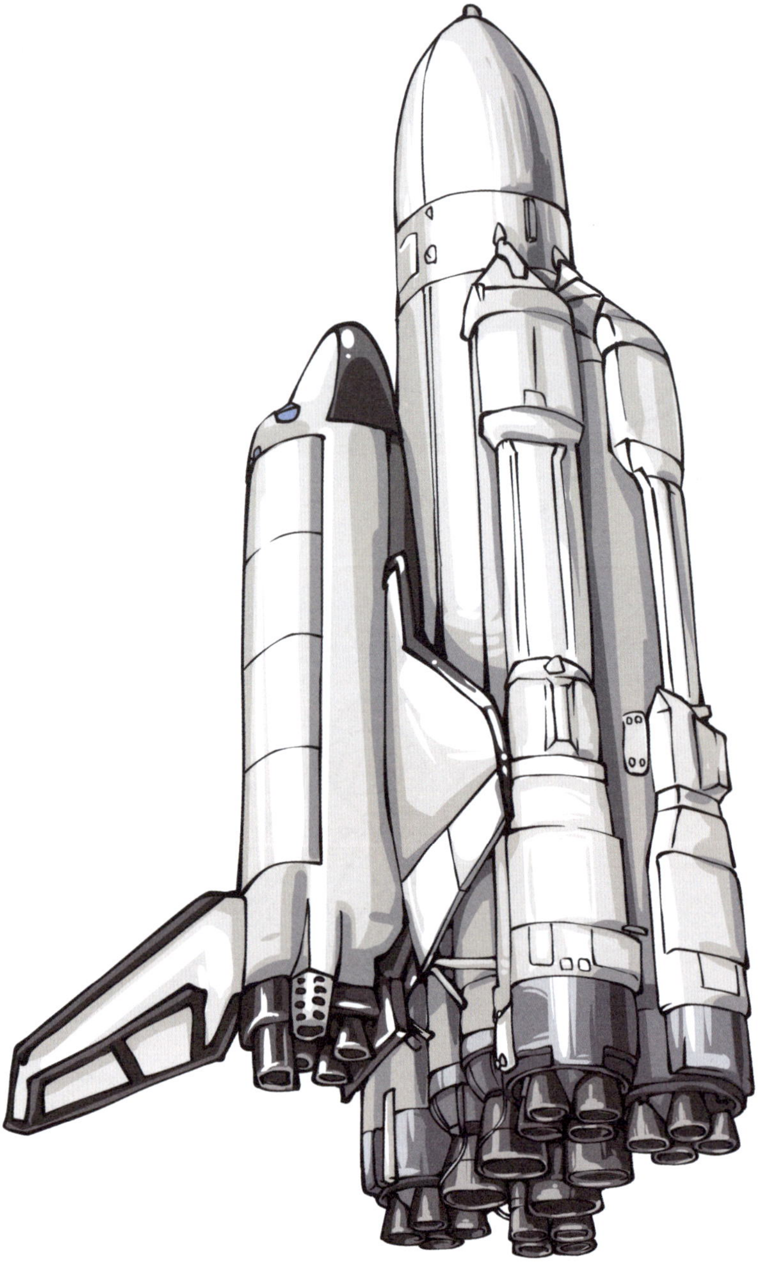

"能源"号运载火箭,是苏联研制的一种超重型运载火箭。"能源"号在1987年5月15日20时30分进行第一次发射测试,携带了"极地"号斯泰基-DM型试验飞船。1988年第二次发射时,"能源"号将"暴风雪"号航天飞机送入轨道。

美国运载火箭包含有"雷神"运载火箭、"宇宙神"运载火箭、"德尔塔"系列运载火箭、"大力神"系列运载火箭、"土星"号登月火箭。

"雷神"液体火箭本身推力为 78 吨,能把 700 多千克的卫星送上 500 千米左右高的地球轨道。"雷神"是美国早期发射的小型卫星如"发现者"号的运载火箭,从 1959 年以来它共发射 400 多次,现已不常用。

美国"雷神"系列运载火箭,是在"雷神"中程导弹的基础上发展起来的。发射军用卫星和早期的航天探测器。该系列包括"雷神－艾布尔""雷神－艾布尔星""雷神－博纳""加大推力雷神－阿金纳"等型号。

"宇宙神"运载火箭，由美国通用动力公司制造，已连续生产50多年。它除作为"月球"号和"火星"号星际探测器的运载工具外，曾用来发射过通信卫星和"水星"号载人飞船。自1959年以来，它已发射500多次，是使用最广泛的一种运载工具。

"德尔塔"系列运载火箭，由美国科麦道公司研制生产，至今已发射560多次。"德尔塔"火箭于1960年5月首次发射，它先后发射过"先驱者"号探测器，"泰罗斯"气象卫星，"云雨"号卫星，"辛康"号卫星，国际通信卫星Ⅱ、Ⅲ号等。

　　"大力神"火箭，是美国研制的一次性使用运载火箭，从1959到2005年，共发射368次。它主要发射各种军用卫星，发射了"太阳神"号、"海盗"号、"旅行者"号等行星和行星际探测器。现已全部退役。

　　1964年到1967年，美国成功研发"土星"系列运载火箭，包括土星1、土星1B、土星5等几种型号。1964年首先研制成功土星1号两级火箭，它曾用来试验发射"阿波罗"飞船模型。1966年它的改进型土星1B号两级火箭研制成功，从1966年到1975年共发射9次，除做运载"阿波罗"飞船试验外，还3次将宇航员送上天空实验室空间站，另外，还将"阿波罗"飞船送入太空，与苏联的"联盟"号飞船对接，联合飞行。

> 　　"德尔塔"系列运载火箭，是一种一次性火箭，于1960年开始进行美国的太空酬载任务，发射成功率达93%以上。经过数十年的发展，"德尔塔"系列运载火箭已经发展出几十个子型号。

美国"土星"5号火箭于1962年开始研制,1967年11月9日首次飞行,1973年5月末次飞行,实际发射成功率达到100%,保持着完美的发射纪录。共有9枚"土星"5号运载火箭,将载人的"阿波罗"号宇宙飞船送上月球轨道。

"长征"系列运载火箭,是中国自行研制的航天运载工具。"长征"运载火箭起步于20世纪60年代,1970年4月24日"长征"1号运载火箭首次发射"东方红"1号卫星成功。

　　"长征"系列火箭具备发射低、中、高不同地球轨道、不同类型卫星及载人飞船的能力,并具备无人深空探测能力。

　　截至2021年10月24日,我国"长征"系列运载火箭已飞行393次,发射成功率达到95.33%。

　　"长征"1号火箭,是为发射中国第一颗人造卫星而研制的三级运载火箭。1970年4月24日,首次将中国第一颗人造地球卫星"东方红"1号成功送入太空。改进后的"长征"1号D运载火箭,可以发射各种低轨道卫星。

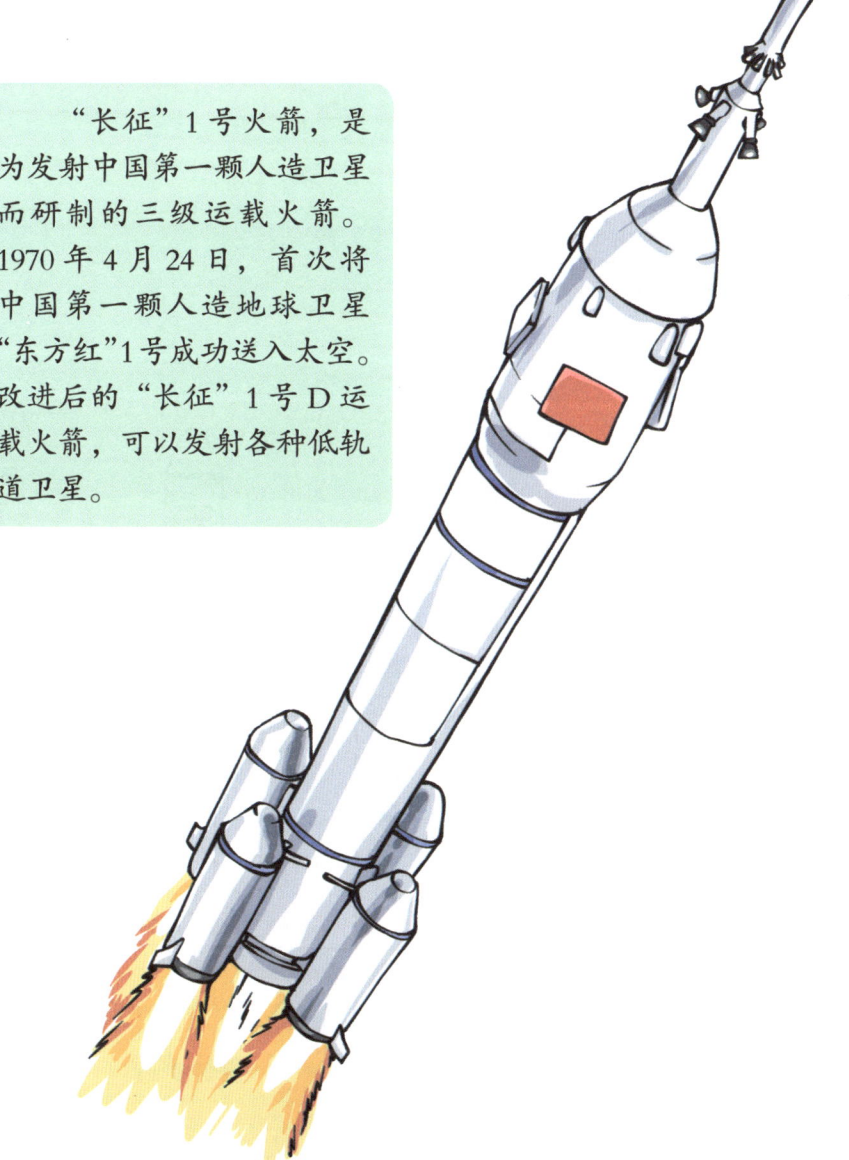

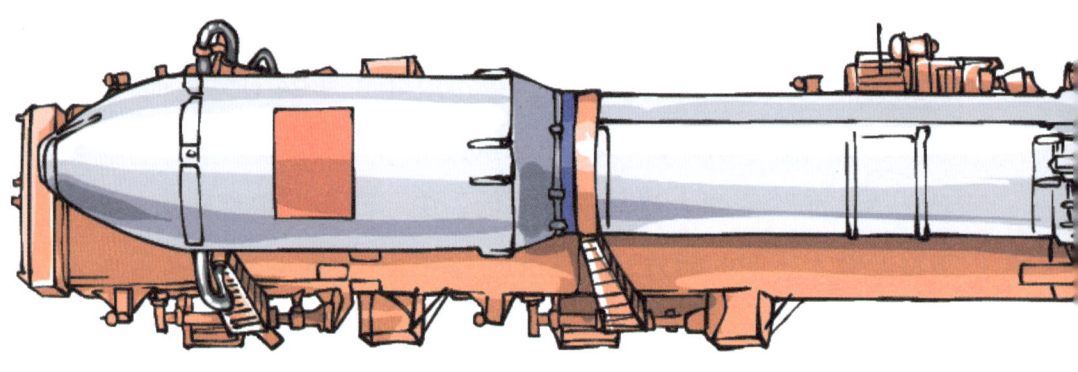

中国"长征"系列运载火箭,包括"长征"1号、"长征"2号、"长征"3号、"长征"4号等十余种型号,"长征"7号发射前,"长征"系列运载火箭已完成229次发射任务。

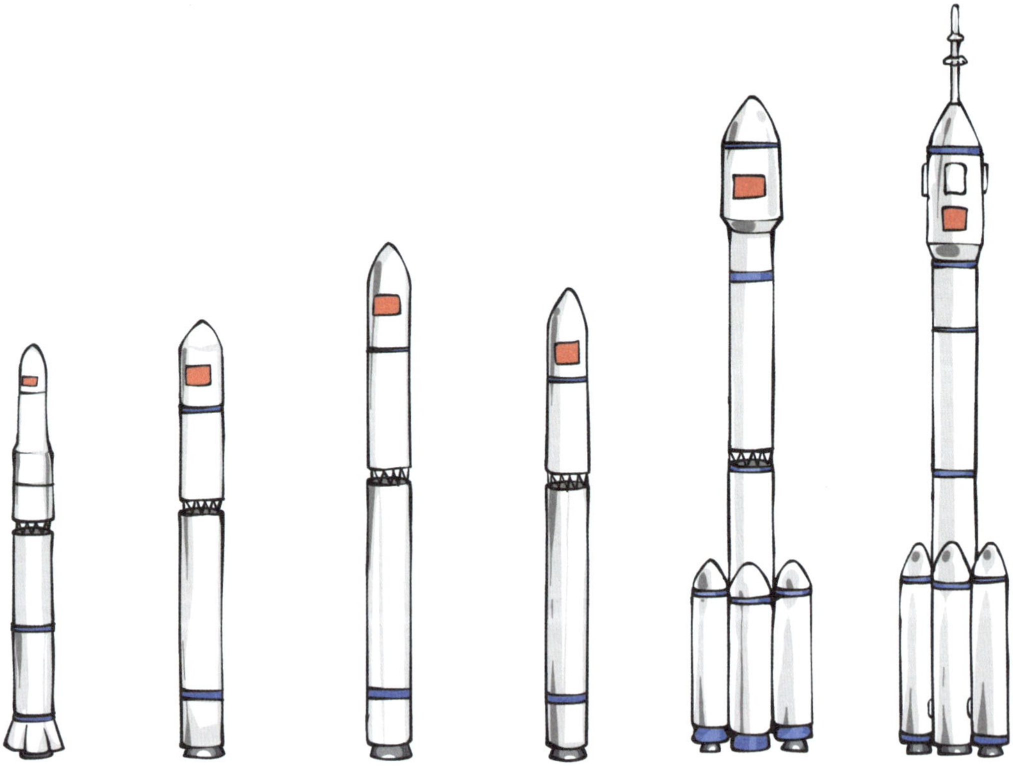

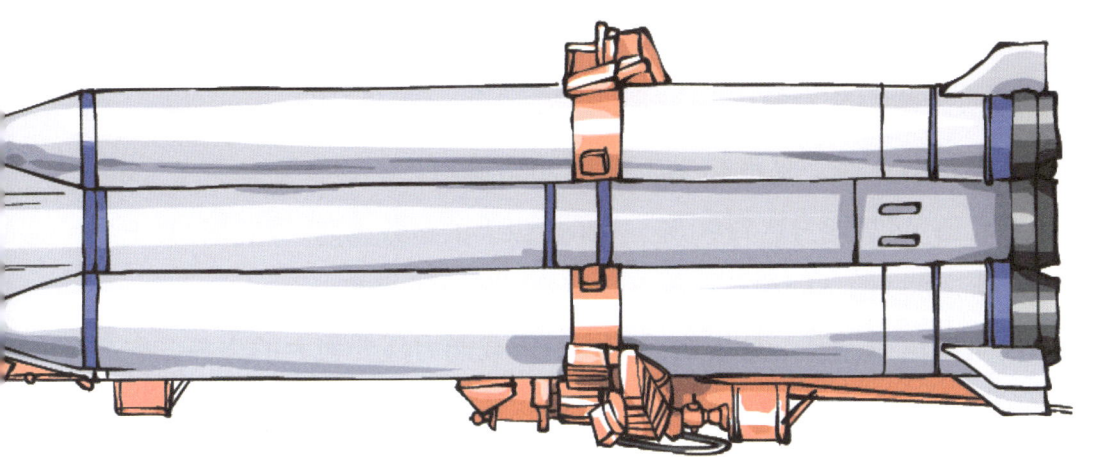

2021年3月12日1点51分左右，我国"长征"7号甲遥二运载火箭在海南文昌发射中心发射升空，并将试验九号卫星成功送入预定轨道，标志着我国新一代中型运载火箭家族又添新成员。这也是"长征"系列运载火箭的第362次飞行。

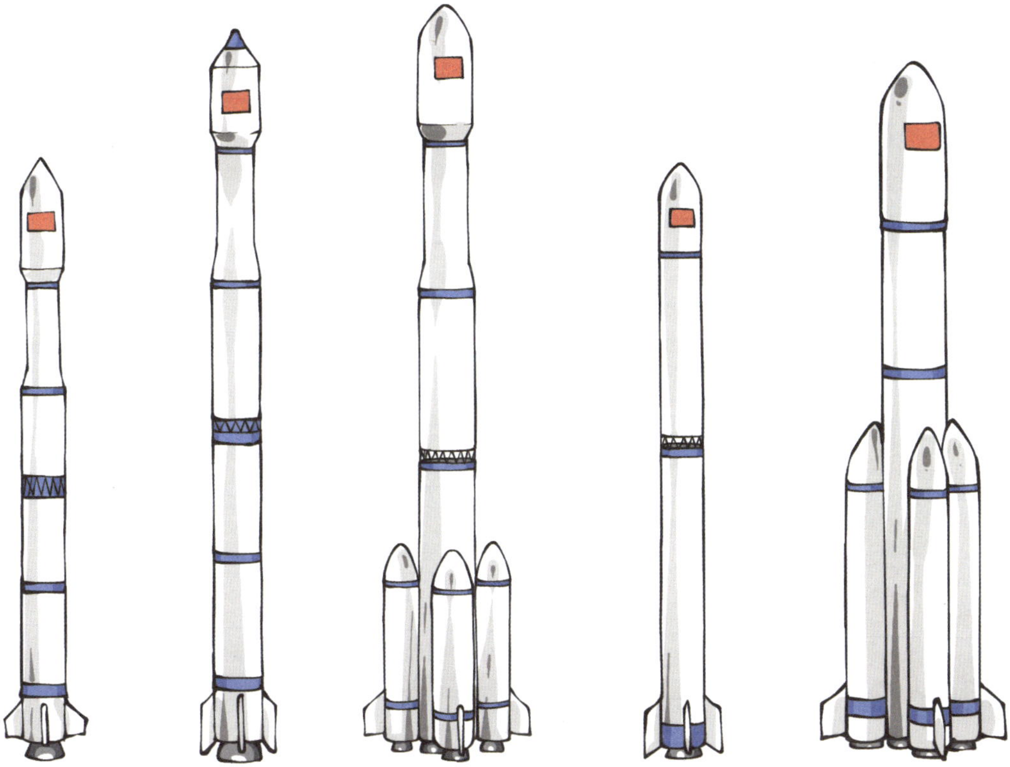

重型运载火箭与超重型运载火箭

重型运载火箭，是指起飞质量在2000吨以上，或近地轨道（200千米圆轨道）运载能力达到90吨～100吨以上的运载火箭。像美国的"土星"5号、苏联的"能源"号运载火箭都属于这类火箭。

超重型运载火箭，是指比重型火箭运载能力还要强大的火箭。它与服务于近地轨道登陆月球的重型火箭相比，更侧重于宇宙深层次探索，如载人登陆火星以及探测太阳系之外的行星。现在，美国、俄罗斯和中国都在发展超重型运载火箭。

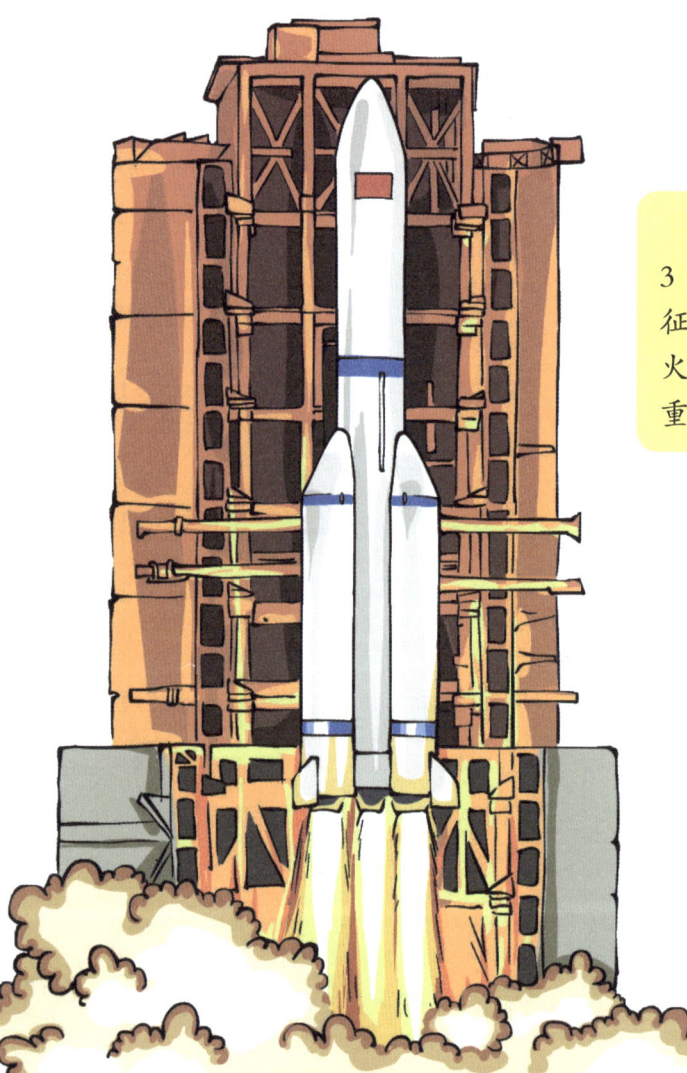

我国于2016年11月3日首次成功发射"长征"5号火箭。它作为大火箭领域的新秀，属于重型火箭。

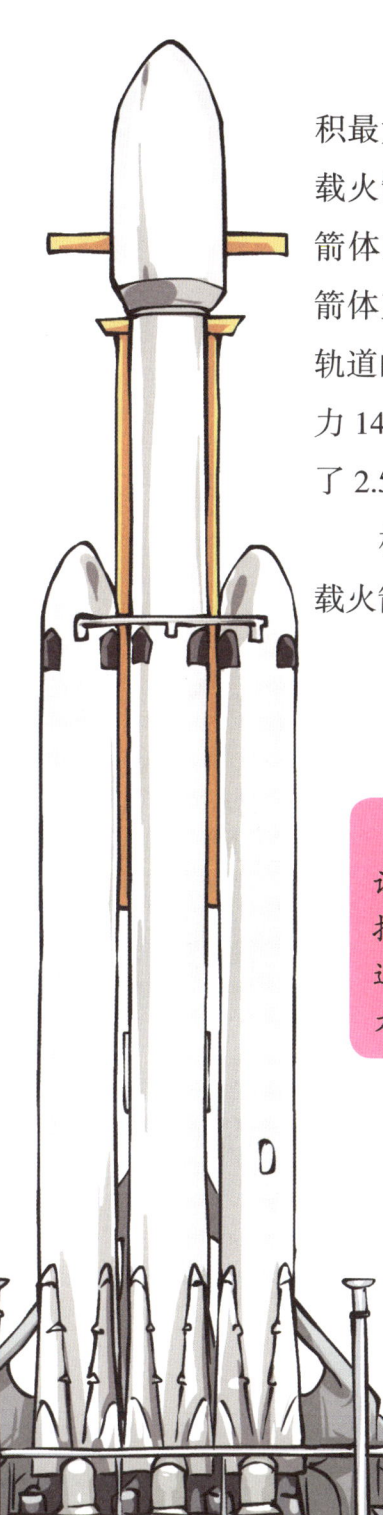

"长征"5号火箭是我国研制高度最高、体积最大、起飞规模最大、运载能力最大的大型运载火箭。箭体长度达到了57米，有20层楼高，箭体直径达5米，打破了我国40余年来3.35米箭体直径结构的瓶颈；起飞质量达870吨，近地轨道的运载能力25吨、地球同步转移轨道运载能力14吨，比现役"长征"3号火箭运载能力提升了2.5倍以上。

相信未来几十年，重型运载火箭与超重型运载火箭将陆续创造航天史上的新纪录。

2018年2月7日，太空探索公司SpaceX试射的"猎鹰"重型火箭已成功发射升空，把一辆特斯拉跑车送入绕太阳飞行的轨道。这是该公司迄今为止最大，也是世界上最强大的运载发射系统。

四、天空中的人造卫星

卫星是指在宇宙中围绕在一颗行星并按闭合轨道做周期性运行的天体，环绕哪一颗行星运转，就把它叫作哪一颗行星的卫星。比如，月球环绕着地球旋转，它就是地球的卫星。这些卫星是天然卫星，是围绕行星运行的天然天体。

那么，人类能不能制造"人造卫星"，让它也能够围绕天然天体运转呢？

月球绕着地球旋转，月球是地球的天然卫星。

早期的人造卫星

"人造卫星"这一名词,是1870年出现的,但直到1957年10月4日,世界上第一颗人造地球卫星才在发射场"噼啪"升空,宣告人类从此打开天宫之门,放眼宇宙了,正式开启了人类的"太空时代"。

"人造卫星"就是我们人类人工制造的卫星。人类在实现飞天梦想的同时,飞向太空的能力越来越强,终于将"人造卫星"的梦想变为现实。

人造卫星,是环绕地球在空间轨道上运行的无人航天器,也是发射数量最多、用途最广、发展最快的航天器。人造卫星发射数量约占航天器发射总数的90%以上。

科学家在发明人造卫星的过程中,留下了一步一步探索的足迹。

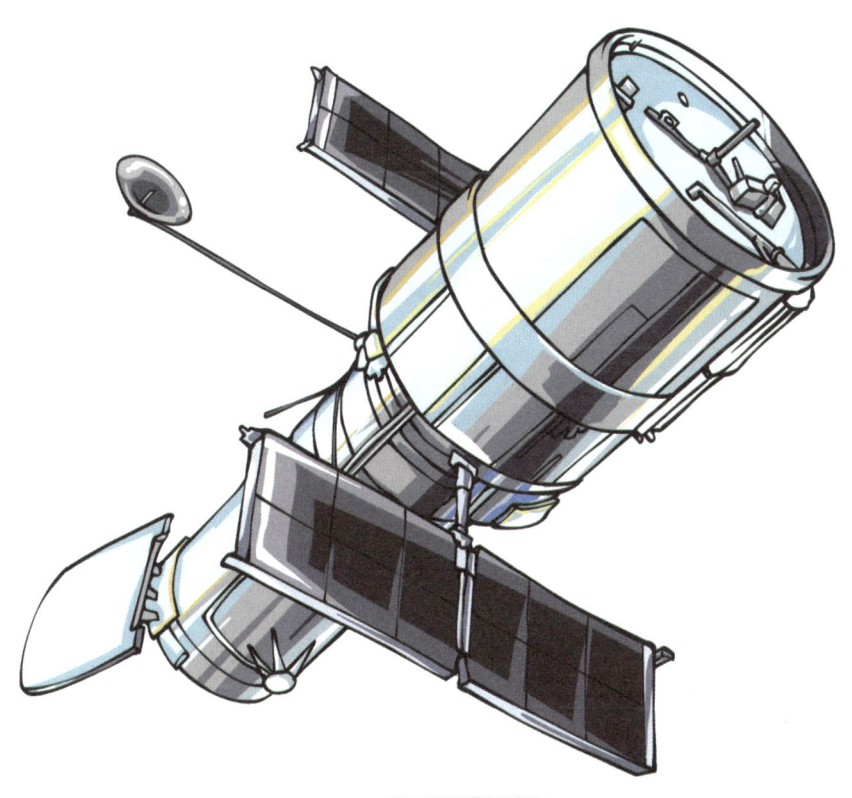

人造卫星。

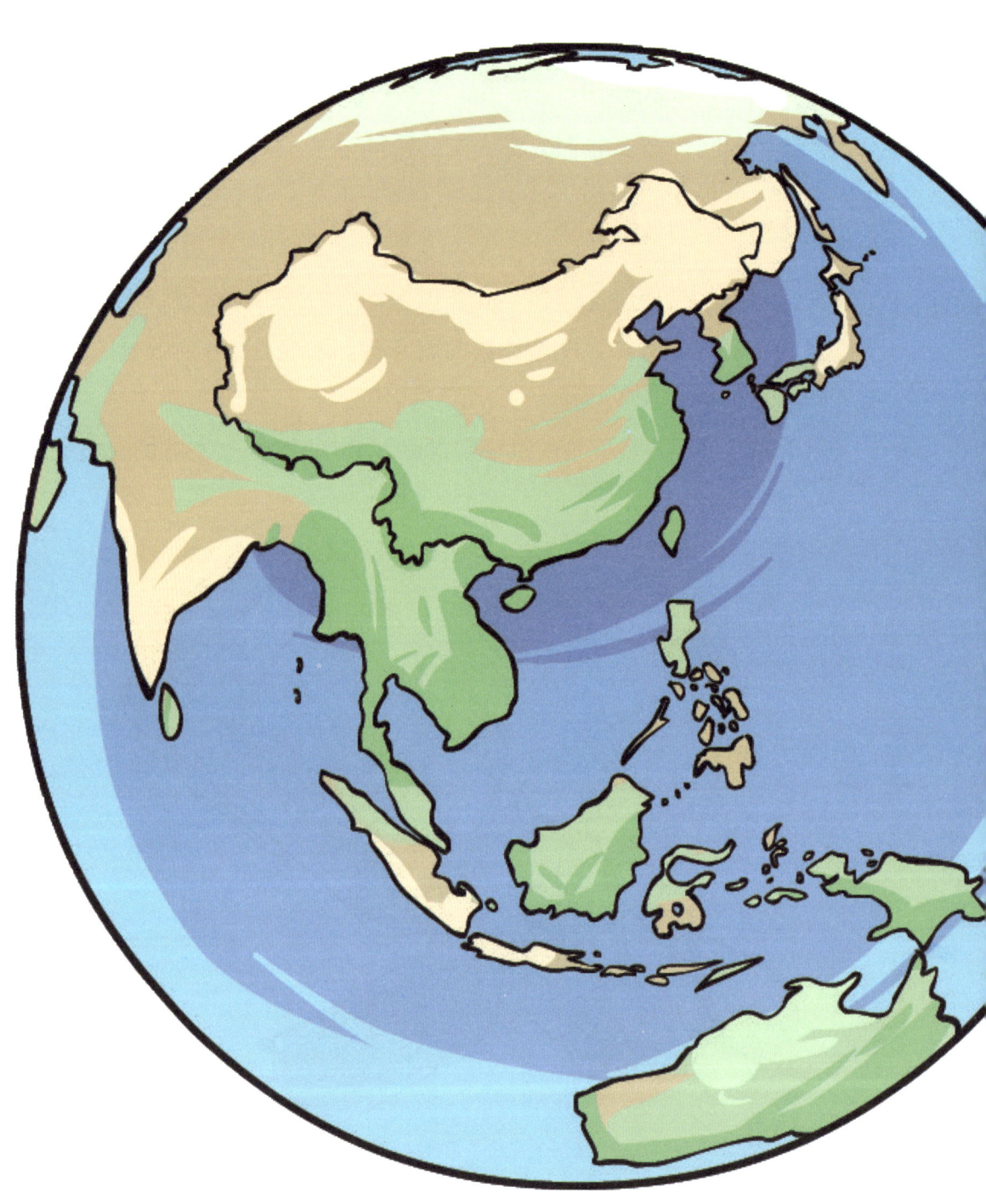

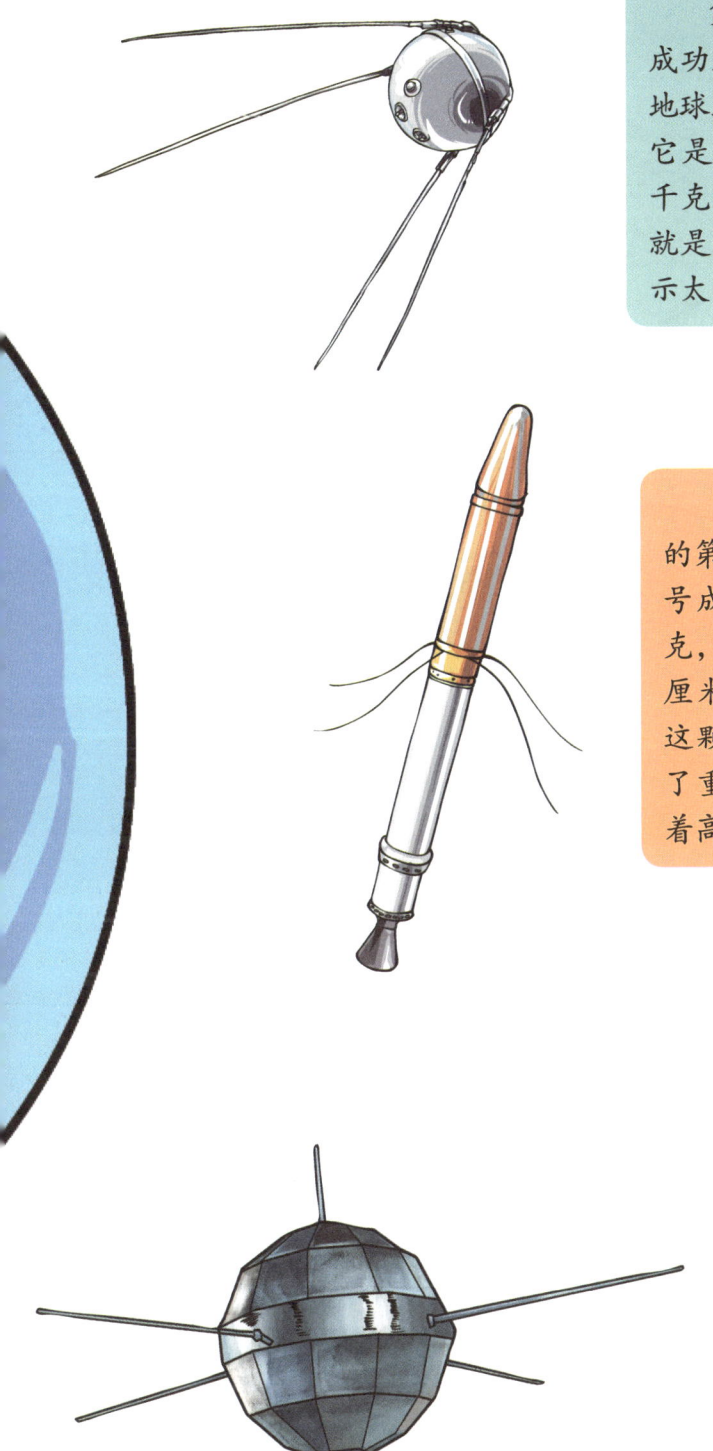

1957年10月4日，苏联成功发射了世界上第一颗人造地球卫星"斯普特尼克"1号，它是一个直径61厘米、重83千克的金属球状物。它的用途就是通过向地球发出信号来提示太空中的气压和温度变化。

1958年1月31日，美国的第一颗人造卫星"探险家"1号成功发射。该星重8.22千克，呈锥顶圆柱形，高203.2厘米，直径15.2厘米。美国这颗卫星在科学考察上取得了重大发现：地球外围存在着高能辐射带。

"东方红"1号，是中国发射的第一颗人造地球卫星，于1970年4月24日在酒泉卫星发射中心成功发射，标志着中国成为继苏、美、法、日之后，世界上第五个独立研制并发射人造地球卫星的国家。

89

通信卫星

通信卫星像一个国际信使，作为无线电通信中继站，它收集来自地面的各种"信息"，然后再"投递"到另一个地方的用户手里。由于它高悬在36000千米的高空，所以"投递"覆盖面特别大，一颗卫星就可以负责1/3地球表面的通信。如果在地球静止轨道上距离均匀地发射三颗通信卫星，就可以实现除南北极之外的全球通信了。

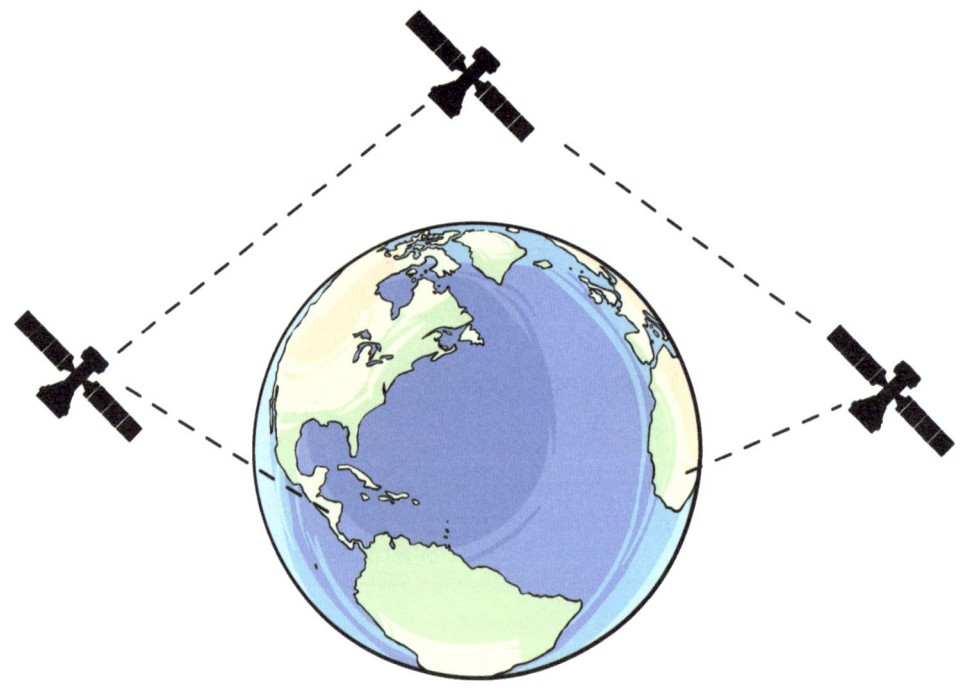

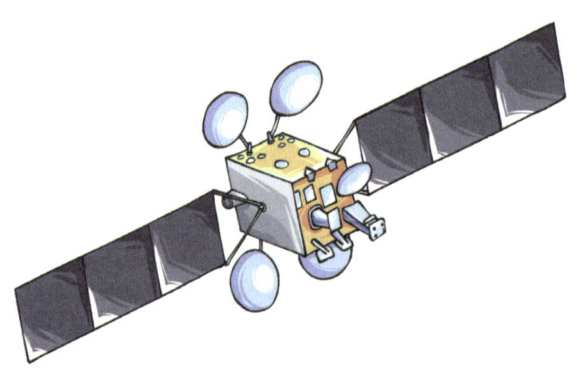

1965年4月6日，国际卫星通信组织发射了一颗半试验、半实用的静止通信卫星——"晨鸟"，又称为"国际通信卫星"1号，这是美国也是世界上发射的第一颗通信卫星，开创了卫星商用通信的新时代。

"亚马尔"601号电信卫星于2019年5月30日,从拜科努尔航天发射场使用"质子"号M运载火箭发射。该卫星C波段容量可覆盖俄罗斯及其东欧邻国,中亚、中东和东南亚部分地区。

导航卫星

导航卫星,是从卫星上连续发射无线电信号,为地面、海洋、空中和空间用户提供导航定位的人造地球卫星。现在,人们出行离不开卫星导航,尤其是在茫茫大海上,利用卫星导航非常必要。

1960年4月13日,美国发射了世界上第一颗导航卫星"子午仪"1B,于1964年7月组成导航卫星网正式投入使用。"子午仪"是美国的第一代导航卫星系统,由6颗卫星组成,开创了人类导航技术的新纪元。如今,导航系统在民用领域也广泛应用,几乎每个人都会跟定位技术打交道,这一切都得益于"子午仪"的发射。

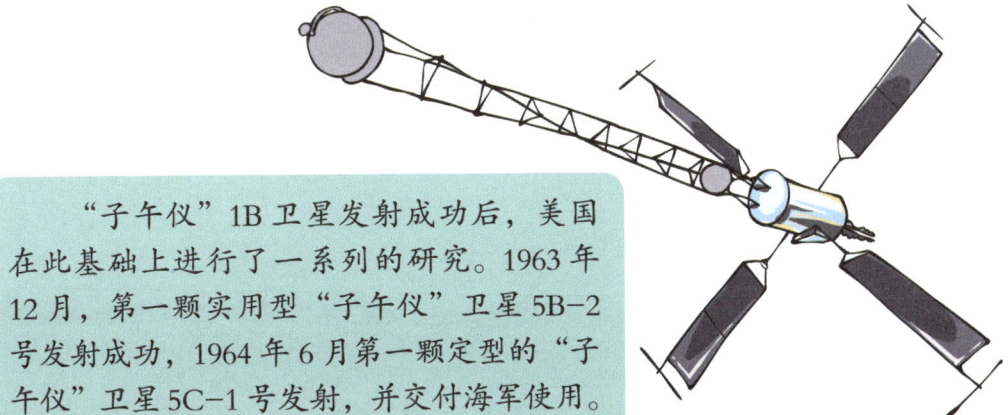

"子午仪"1B卫星发射成功后,美国在此基础上进行了一系列的研究。1963年12月,第一颗实用型"子午仪"卫星5B-2号发射成功,1964年6月第一颗定型的"子午仪"卫星5C-1号发射,并交付海军使用。

GPS 是 Global Positioning System（全球定位系统）的简称。GPS 起始于 1958 年美国军方的一个项目，于 1964 年投入使用。20 世纪 70 年代，美国陆海空三军联合研制了新一代卫星定位系统 GPS。到 1994 年，全球覆盖率高达 98% 的 24 颗 GPS 卫星星座已布设完成。现在 GPS 全球定位系统在汽车、轮船和飞机的导航，交通管理等方面都起着举足轻重的作用。

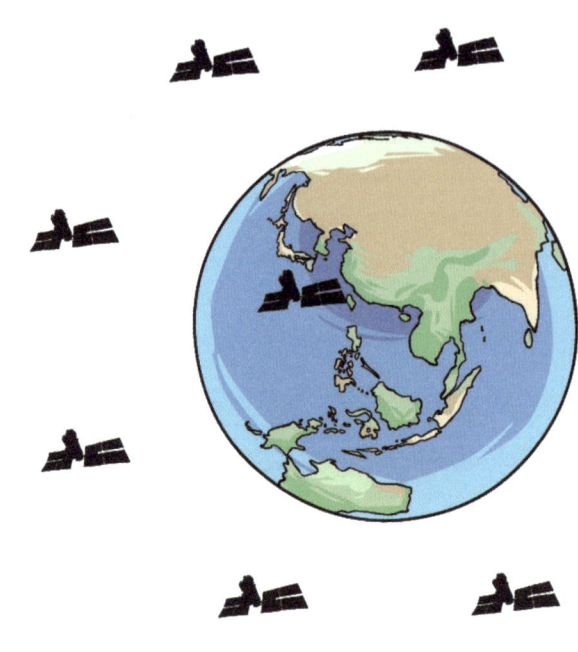

GPS 全球定位系统。

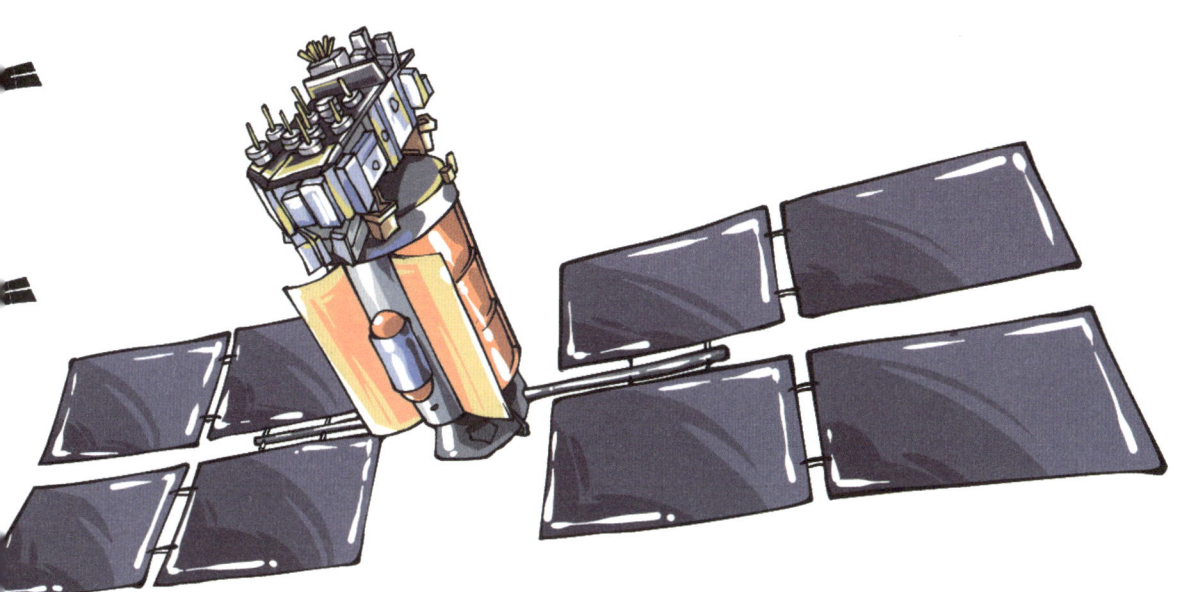

"格洛纳斯"卫星导航系统是俄罗斯于1993年开始独自建立的本国全球卫星导航系统，该系统于2007年开始运营，到2009年，服务范围已经拓展到全球。

"格洛纳斯"（GLONASS）是 Global Navigation Satellite System（全球卫星导航系统）的缩写音译，它类似于美国的GPS、欧洲的伽利略卫星定位系统、中国的北斗卫星导航系统。该系统最早是由苏联于1982年研制开发，后来由俄罗斯继续使用和发展的全球卫星导航系统。该系统主要服务内容包括确定陆地、海上及空中目标的坐标及运动速度信息等，其服务范围已经拓展到全球。

"北斗卫星导航系统"是中国正在实施的自主发展、独立运行的、全天候提供卫星导航信息的区域导航系统。

　　2000年以来，中国已成功发射了4颗"北斗"导航试验卫星，建成"北斗卫星导航试验系统"（第一代系统）。到2018年年底，中国已完成19颗卫星发射组网，完成基本系统建设，开始向全球提供服务。2020年6月23日，"北斗三号全球卫星导航系统"最后一颗组网卫星在西昌卫星发射中心点火升空。至此，"北斗三号全球卫星导航系统"星座部署比原计划提前半年全面完成。2020年7月，"北斗三号全球卫星导航系统"正式提供服务！

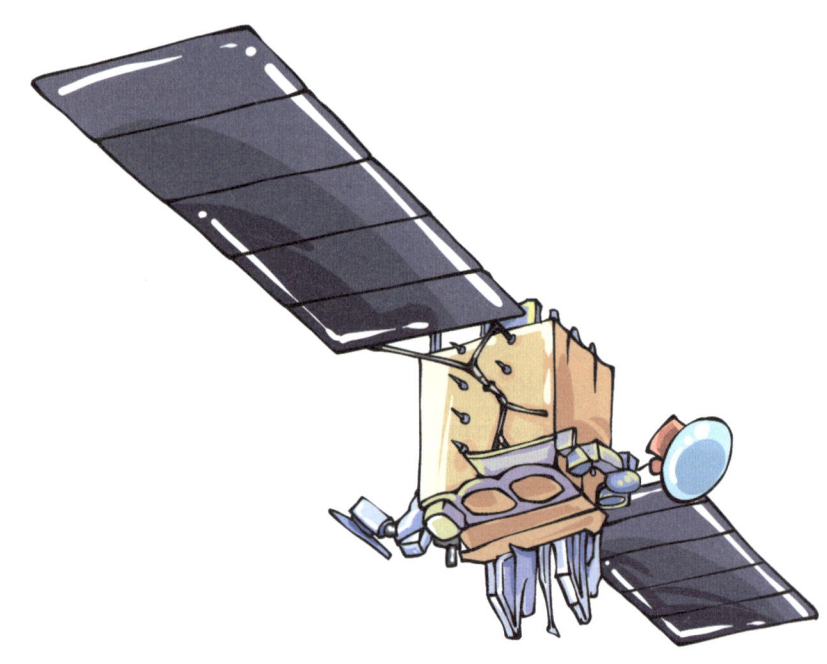

气象卫星

气象卫星，是从太空对地球及其大气层进行气象观测的人造地球卫星。气象卫星也是世界上应用最广的卫星之一，美国、俄罗斯、法国和中国等众多国家都发射了气象卫星。

气象卫星观测范围广，观测次数多，观测时效快，观测数据质量高，且不受自然条件和地域条件等限制，使人们能准确地获得连续的、全球范围内的大气运动规律，做出精确的气象预报，从而大大减少气象灾害带来的损失。

1960年4月1日，美国发射了世界上第一颗试验性气象卫星——"泰罗斯"1号。该卫星上装有电视摄像机、遥控磁带记录器及照片资料传输装置。它的发射成功开辟了世界气象卫星研发的新领域。

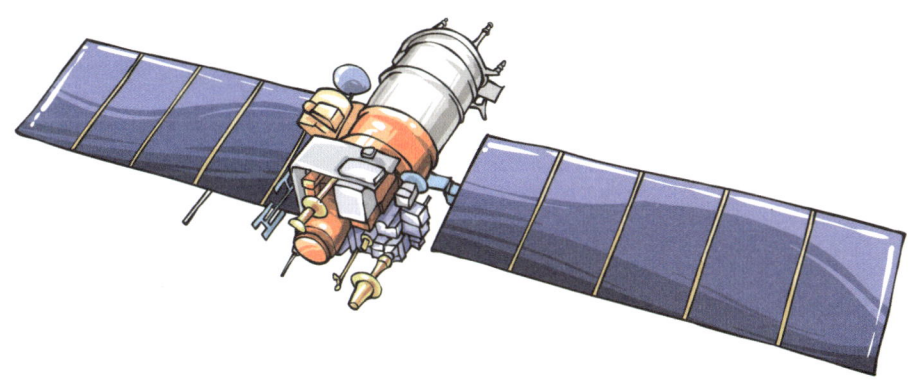

俄罗斯"流星"号系列气象卫星，于1969年3月26日开始发射Ⅰ型，到1981年7月共发射了31颗；于1975年7月11日开始发射Ⅱ型，到1982年底已发射9颗。该系列卫星任务是系统地收集地球的气象资料，以便人们进行气象预报和气象学研究。

"风云"4号气象卫星，是我国第二代静止气象卫星。2016年12月11日0时11分，"风云"4号搭乘"长征"3号乙运载火箭，在西昌卫星发射中心成功发射，2018年5月1日开始正式投入业务运行。

地球资源卫星

地球资源卫星，是众多遥感探测器中最主要的一种，是探测地球资源与环境的遥感卫星。截至21世纪初，全世界有100多个国家和地区利用这种卫星提供的遥感资料，发现了许多重要的矿藏和水利资源。

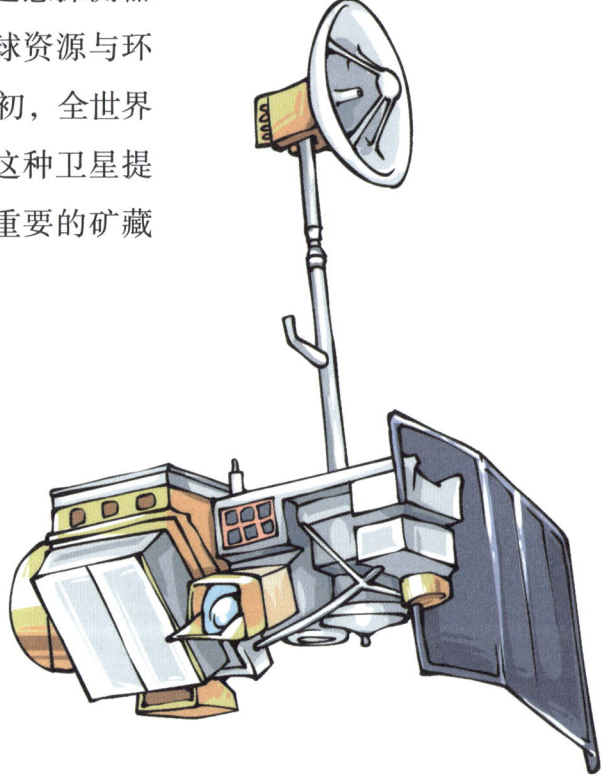

"陆地卫星"1号，是美国国家航空航天局（NASA）于1972年7月23日发射的一颗遥感卫星。它在探测地表资源、监视森林火灾等方面发挥作用。1978年1月6日，"陆地卫星"1号由于设备过热损坏而停止工作。

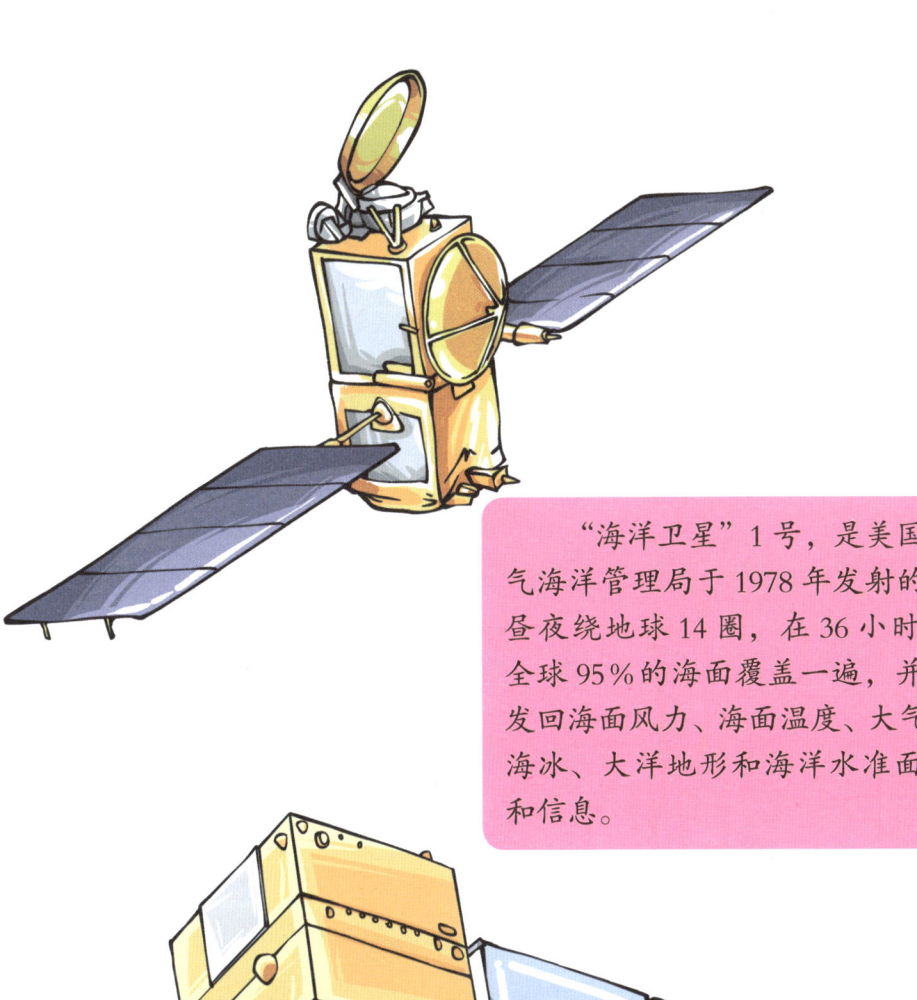

"海洋卫星"1号,是美国国家大气海洋管理局于1978年发射的。它每昼夜绕地球14圈,在36小时内可将全球95%的海面覆盖一遍,并向地面发回海面风力、海面温度、大气水量、海冰、大洋地形和海洋水准面等资料和信息。

"资源"1号卫星,由中国、巴西两国共同投资,联合研制,于1999年升空,是中国第一代传输型地球资源卫星。为中巴两国获取了大量的地球数据和卫星图片,这些信息在农林、海洋、环保、国土资源、城市规划等方面发挥重要作用。

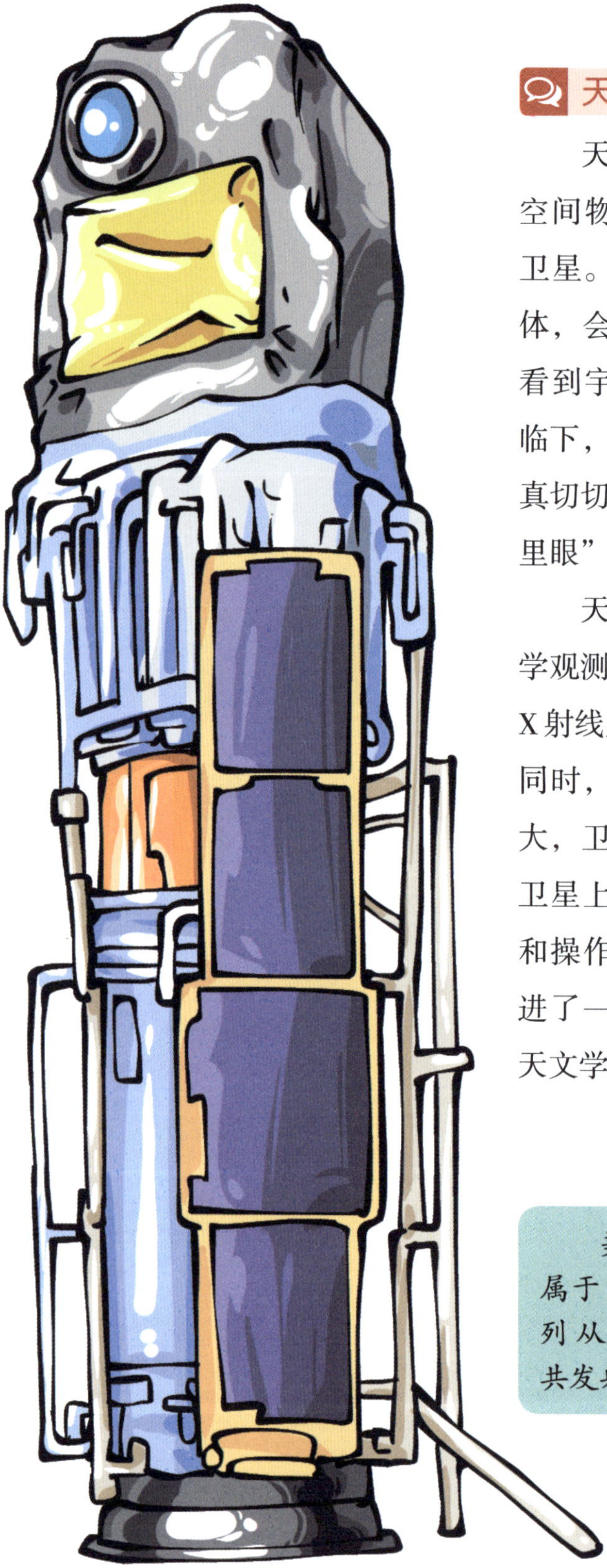

天文卫星

天文卫星是对宇宙天体和其他空间物质进行科学观测的人造地球卫星。用传统的天文望远镜观察星体，会被地球大气层所阻挡，很难看到宇宙的真相。而天文卫星居高临下，没有大气层的阻挡，看得"真真切切"，是人类安置在太空的"千里眼"。

天文卫星上装有各种复杂的科学观测仪器，如红外线仪、紫外线仪、X射线发射器和可见光学望远镜等。同时，天文卫星的观测数据输出量大，卫星控制复杂，往往需要使用卫星上的电子计算机进行信息处理和操作控制。天文卫星的出现，促进了一门新型的分支学科——空间天文学的形成。

美国小型天文卫星SAS-1，属于"探险者"卫星系列。该系列从1960年6月到1976年3月共发射成功10颗。

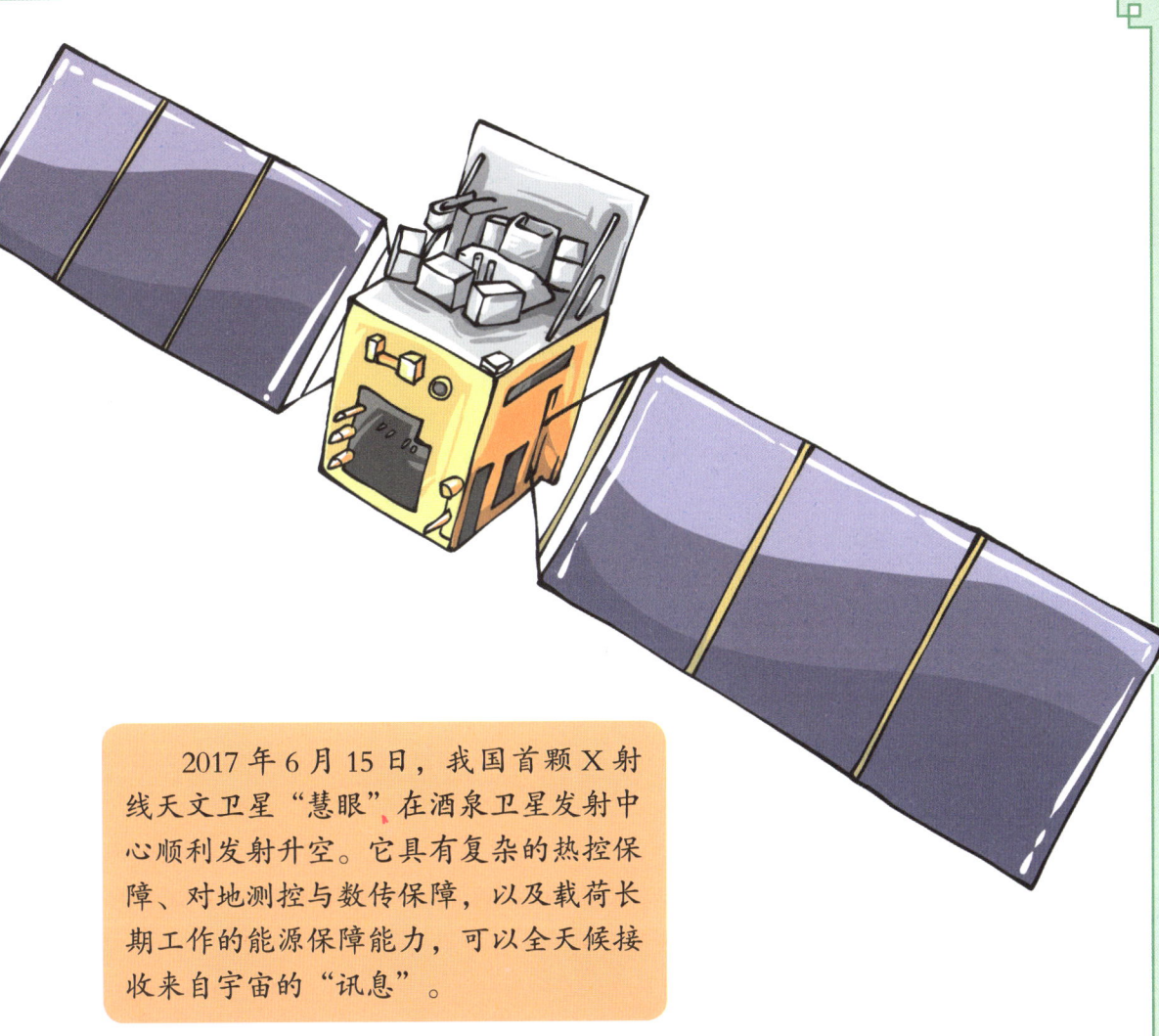

  2017年6月15日，我国首颗X射线天文卫星"慧眼"在酒泉卫星发射中心顺利发射升空。它具有复杂的热控保障、对地测控与数传保障，以及载荷长期工作的能源保障能力，可以全天候接收来自宇宙的"讯息"。

预警卫星

  预警卫星又称导弹预警卫星，是为实现预警目的监视和发现敌方弹道导弹发射的侦察卫星。

  一般情况下，洲际导弹需要飞行几十分钟的时间，一般的中程导弹也要飞行几分钟到十几分钟的时间。这段时间预警卫星就可以提前发现导弹的踪迹，为己方赢得宝贵的时间。难怪有人说预警卫星是名副其实的"千里眼"，甚至可以称为"万里眼"。有代表性的预警卫星就是美国代号为"647"的早期预警卫星。

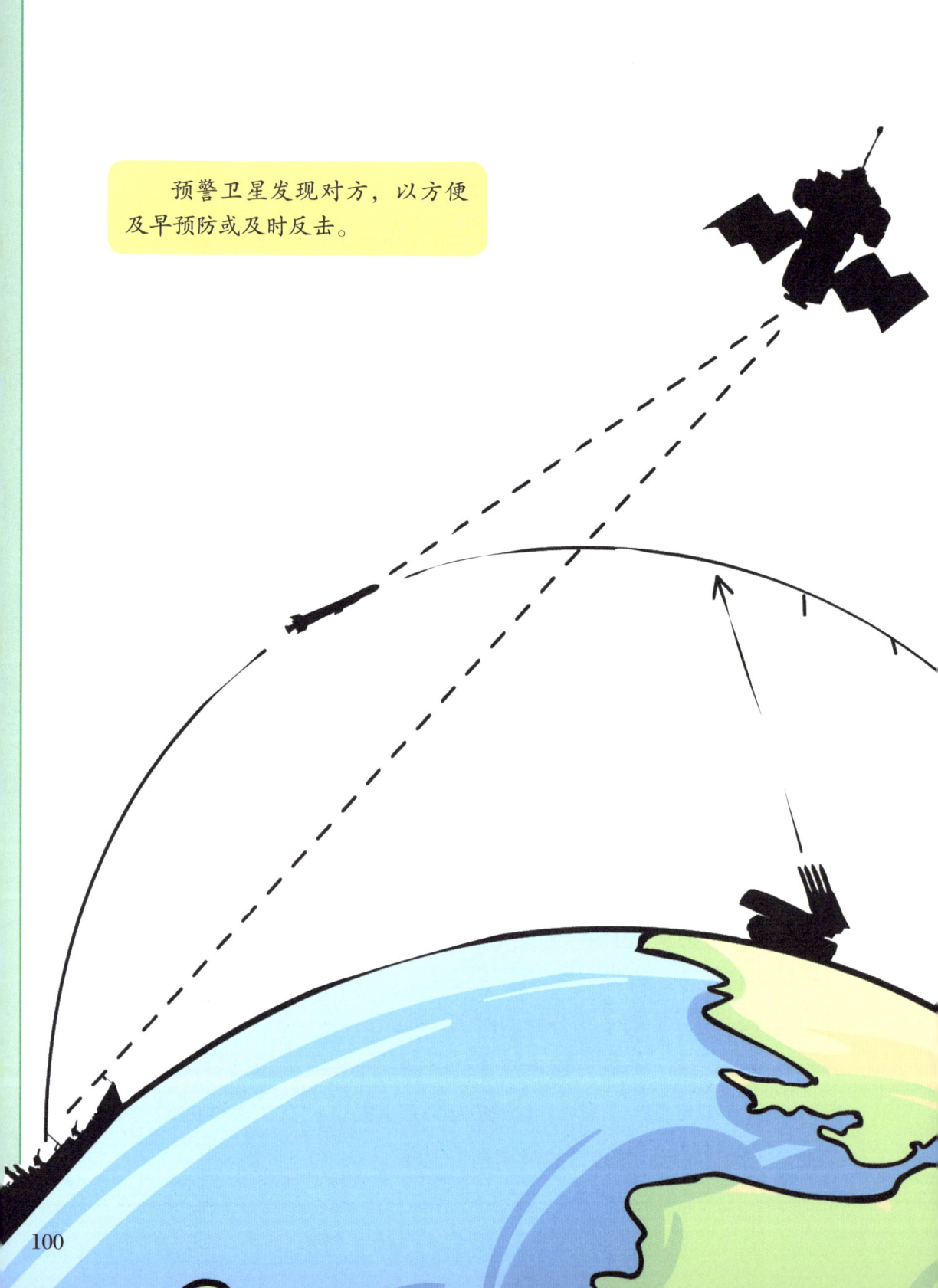

预警卫星发现对方,以方便及早预防或及时反击。

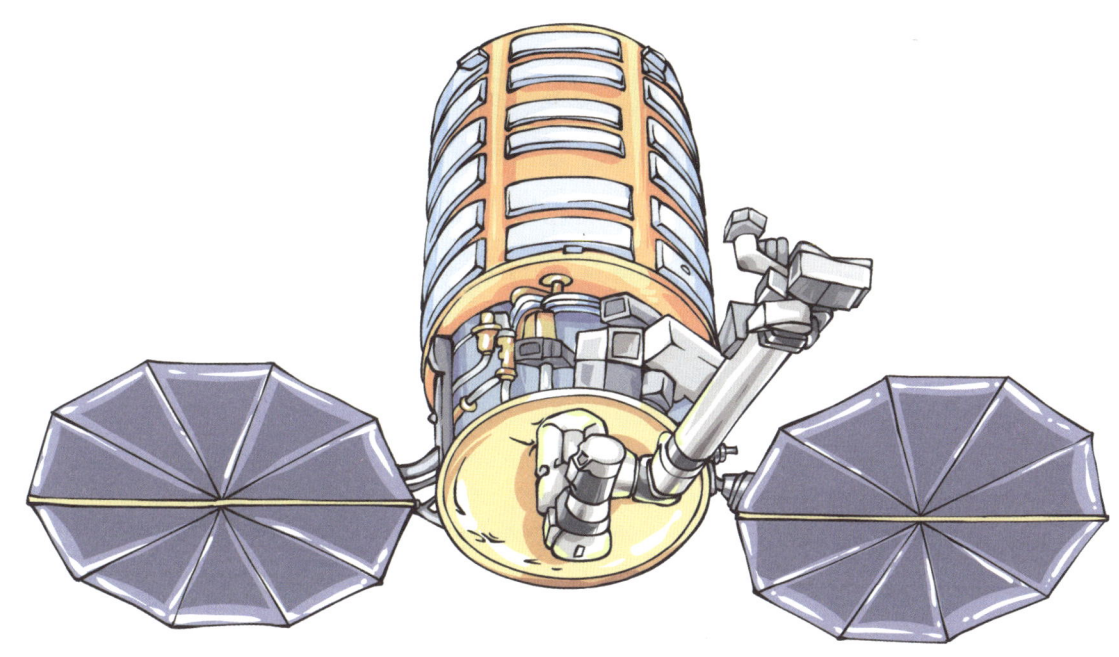

"647"预警卫星，又称综合型导弹预警卫星，是美国20世纪70年代到20世纪80年代发射组网的弹道导弹预警卫星系列卫星。这系列的卫星从1970年11月到1982年底共发射13颗，用于探测洲际弹道导弹尾焰并跟踪，探测核爆炸和全球性的气象观测。

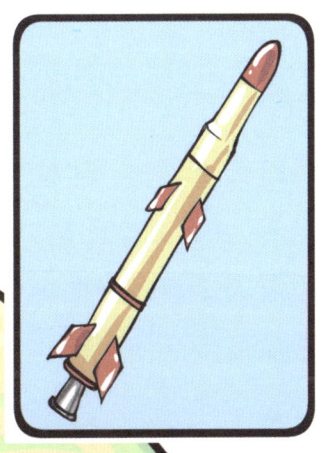

五、载人航天与空间站

人们向往天上的生活，希望能够飞向太空，在那里居住。在印度的古壁画上，还有类似时空穿梭的图案。不难想象当时的人们多么想乘着飞行器，进行时空穿梭，或飞到太空上去居住，过上神仙般的生活。

这"神仙"居住的地方，就是我们现在要说的空间站。

空间站，这个概念的提出至少可以追溯到1897年，当时，德国科幻作家拉塞维茨认为空间站是太空旅行的关键。德国"火箭之父"奥伯特则在1923年所著的《飞向星际空间的火箭》一书中，十分具体地使用了"空间站"这个词，并夸张地描述了空间站的用途。1929年，一位署名"诺丹"的奥地利工程师详细地描述了空间站的外形及构造。

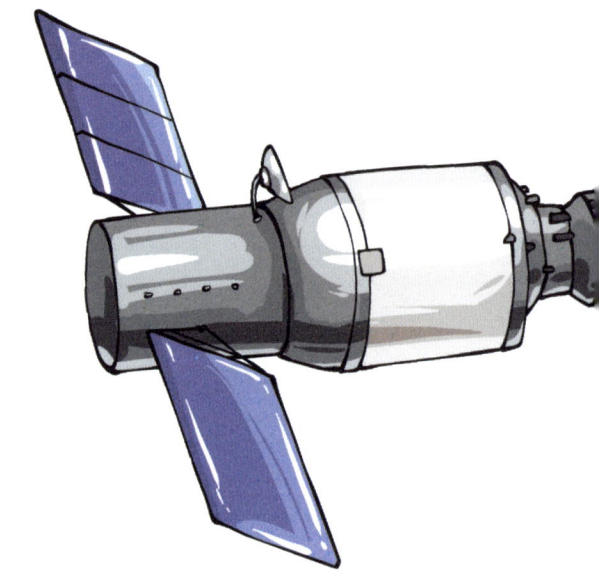

什么是空间站

空间站，又称航天站、太空站、轨道站，是供航天员寻访、居住和工作的载人航天器。空间站分为单一式和组合式两种。单一式空间站，可由航天运载器一次发射入轨；组合式空间站则由航天运载器分批将组件送入轨道，在太空组装而成。在空间站中，宇航员生活使用过的一切设施将不再带回地球，宇航员则可以按计划返回。

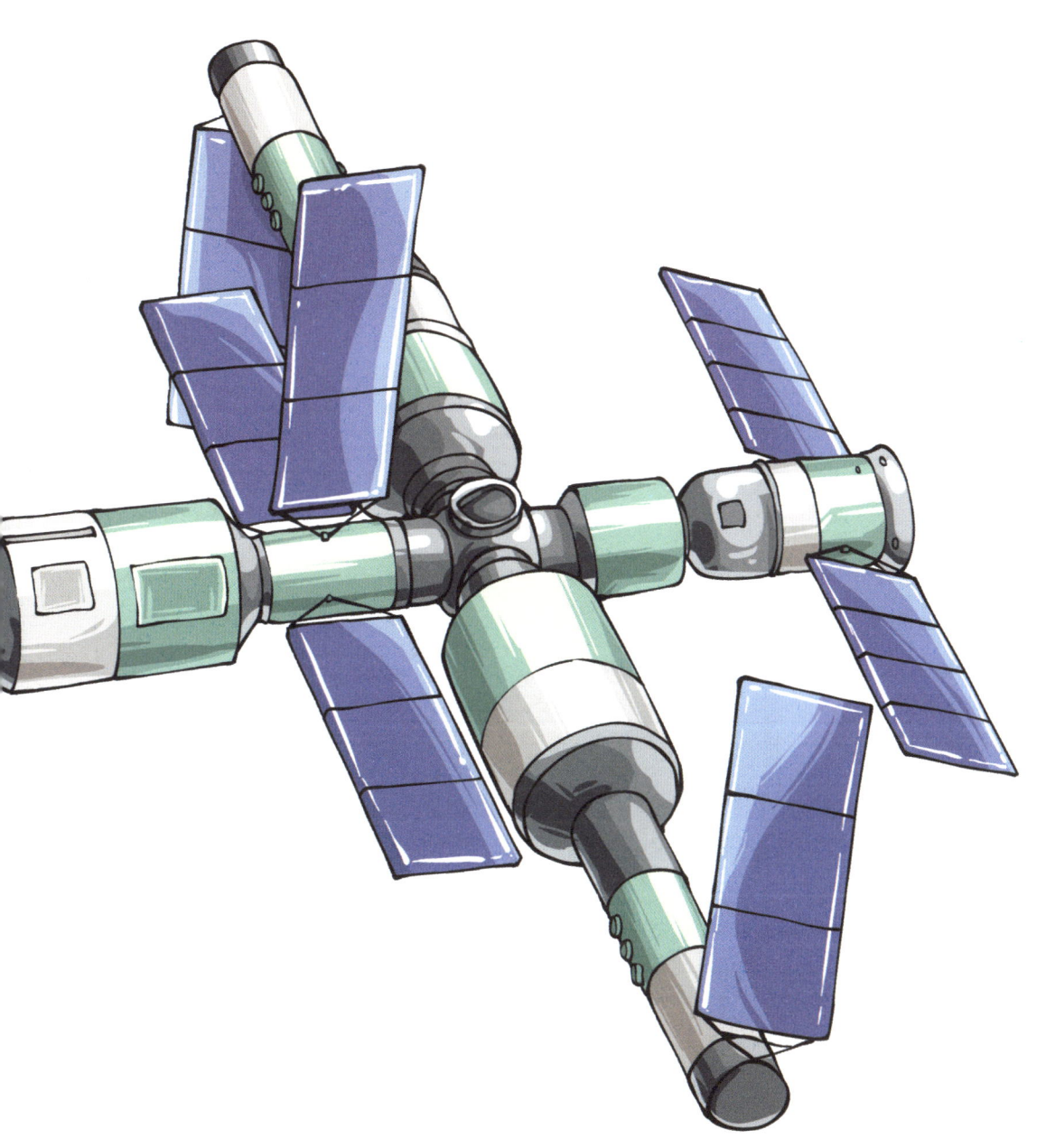

空间站结构模式图。空间站结构复杂、规模大，由航天员居住舱、实验舱、服务舱、对接过渡舱、桁架、太阳能电池等部分组成。它在距地面几百到几千千米的高空中运行，用于观察地球气象变化，进行宇宙科学研究等，用途比较广泛。

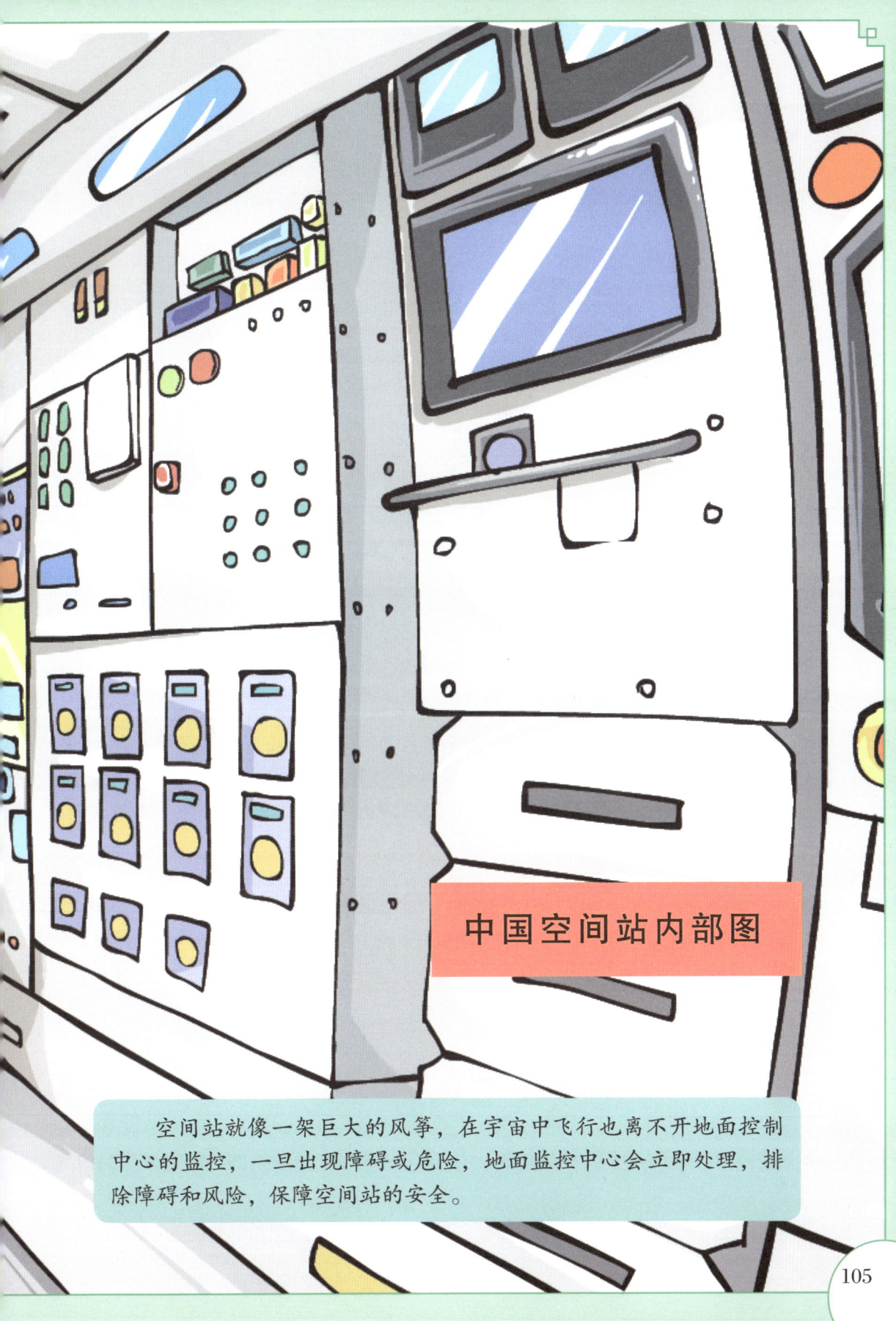

中国空间站内部图

空间站就像一架巨大的风筝，在宇宙中飞行也离不开地面控制中心的监控，一旦出现障碍或危险，地面监控中心会立即处理，排除障碍和风险，保障空间站的安全。

人类进入太空成为事实

1961年4月12日，苏联成功发射世界上第一艘载人飞船——"东方"1号，完成了世界首次载人航天飞行，航天员加加林成为第一位访问太空的人类使者，实现了人类进入太空的梦想。

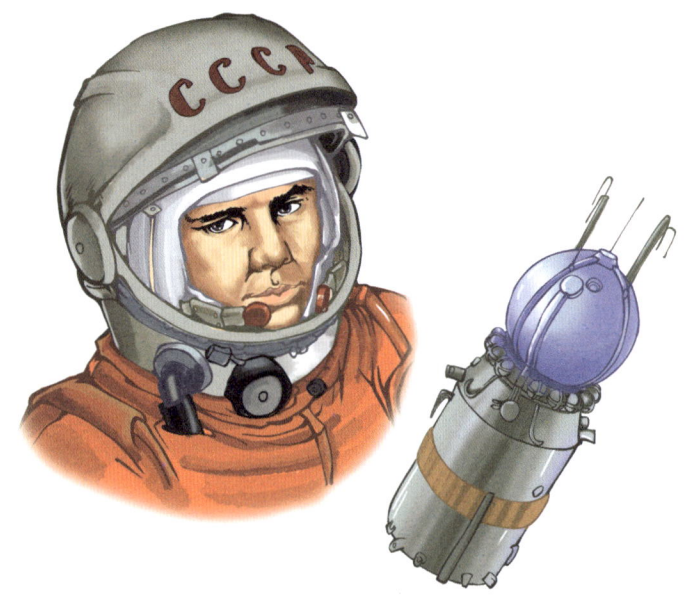

1961年4月12日，前苏联空军飞行员尤里·阿列克谢耶维奇·加加林乘坐"东方"1号宇宙飞船，从拜科努尔航天发射场起飞，在330千米的高空以27200千米/时的速度环绕地球飞行一周，历时108分钟，最后按计划安全返回地面。

载人飞船，是能保障航天员在外层空间生活和工作，能够执行航天任务并返回地面的航天器，又称宇宙飞船。苏联自1961年发射了第一艘"东方"1号飞船后，相继又发射了"上升"号和"联盟"号飞船；美国也相继发射了"水星"号、"双子星座"号、"阿波罗"号等载人飞船。

目前，世界上仅有俄、美、中三国发射过载人航天飞船。世界第一艘登月飞船是美国于1969年7月16日9时32分发射的"阿波罗"11号；中国第一艘载人飞船是2003年发射的"神舟"5号。

"阿波罗"11号是美国国家航空航天局的"阿波罗计划"中的第五次载人任务，也是人类第一次登月任务，历时8天13小时18分35秒，绕行月球30周。1969年7月20日，阿姆斯特朗和奥尔德林成为了首次踏上月球的人类，在月表停留21小时36分20秒。

搭乘"阿波罗"11号执行此任务的3位航天员分别为指令长尼尔·奥尔登·阿姆斯特朗、指令舱驾驶员迈克尔·柯林斯与登月舱驾驶员巴兹·奥尔德林。1969年7月20日，阿姆斯特朗与奥尔德林成为了首次踏上月球的人类。

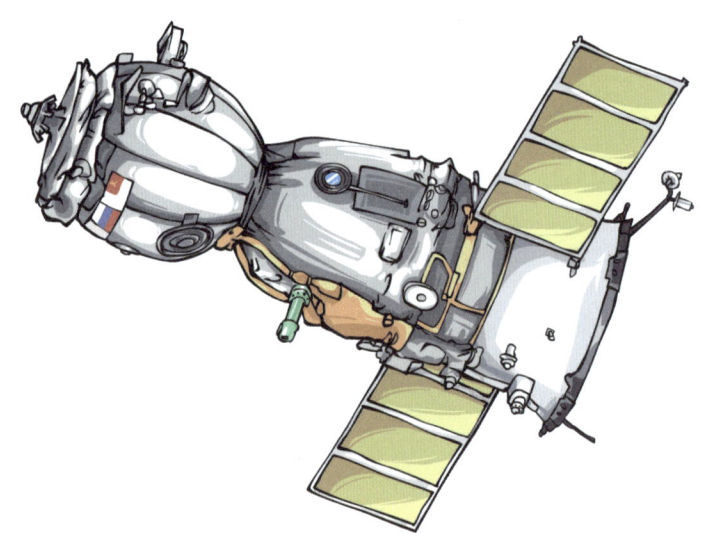

1971年4月19日,苏联发射了世界上第一座空间站——"礼炮"1号,太空飞行进入了一个新的阶段。"礼炮"1号空间站可居住6名宇航员。苏联一共发射了7座"礼炮"号空间站,其中的"礼炮"6号和"礼炮"7号是苏联第二代空间站。

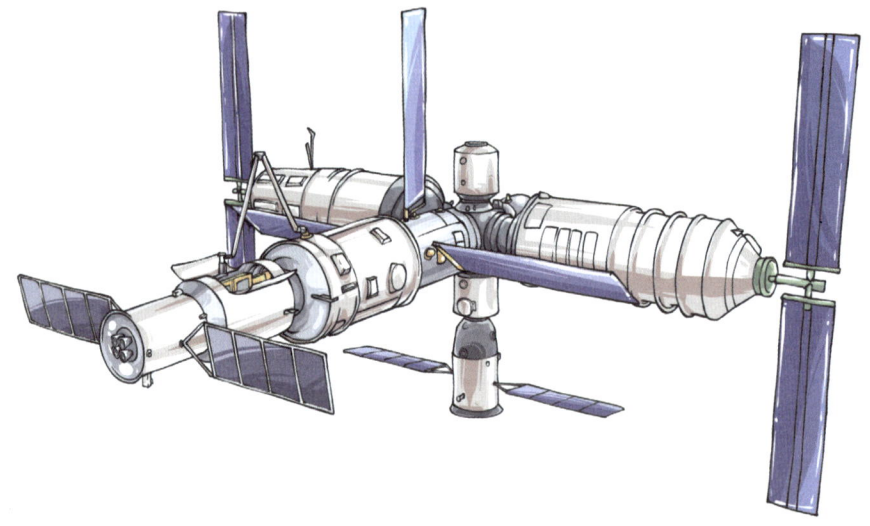

"和平"号空间站,于1986年2月20日发射升空,是苏联建造的一座轨道空间站,苏联解体后归俄罗斯所有。它是人类首座可长期居住的空间研究中心,同时也是首座第三代空间站,经过数年由多个模块在轨道上组装而成。

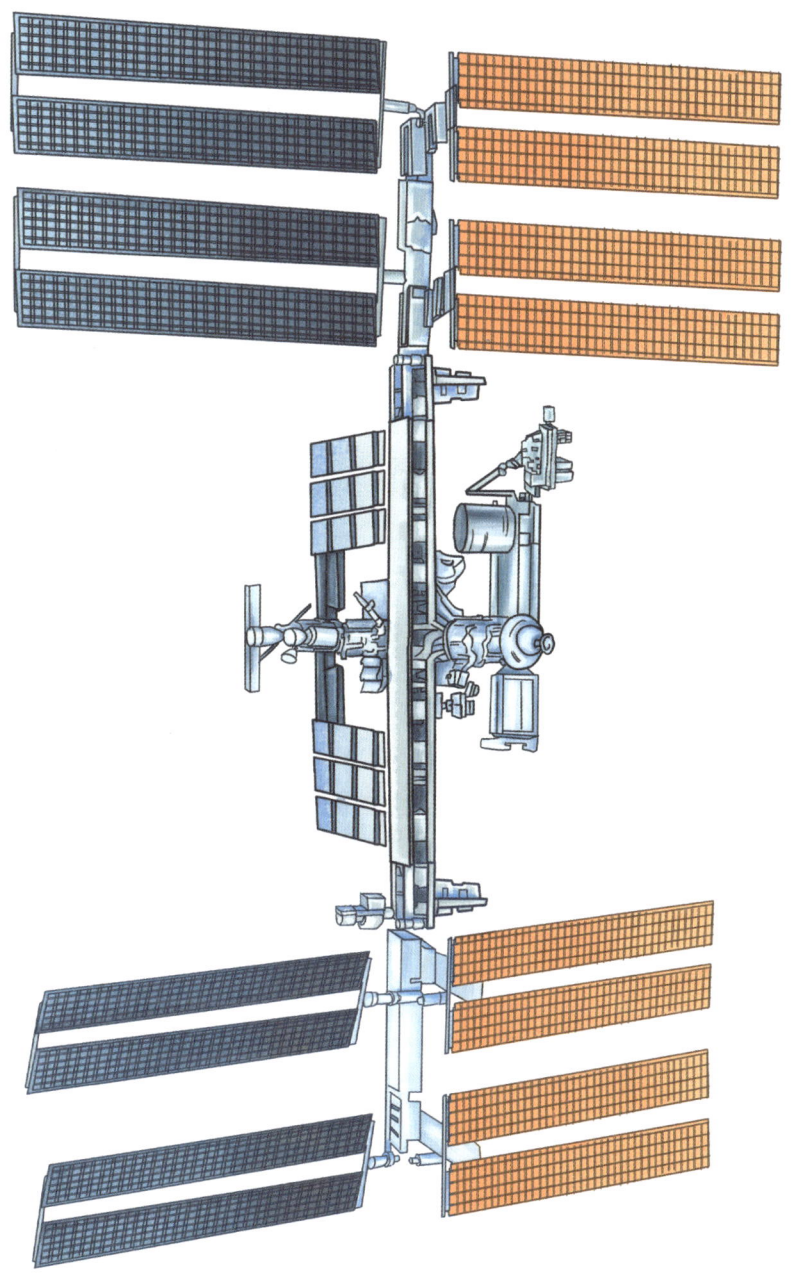

国际空间站,是一个由六个国际主要太空机构联合推进的国际合作计划。这六个太空机构分别是美国国家航空航天局、俄罗斯联邦航天局、欧洲航天局、日本宇宙航空研究开发机构、加拿大国家航天局和巴西航天局。

  2003年10月15日北京时间9时，杨利伟乘由"长征"2号F火箭运载的"神舟五号"飞船首次进入太空，象征着中国太空事业向前迈进了一大步，使得中国成为第三个掌握载人航天技术的国家，起到了里程碑的作用。

  "天宫"1号于2011年9月29日发射升空，是中国第一个空间实验室。"天宫"1号发射入轨，先后与"神州"8号、9号、10号飞船完成多次空间交会对接，为中国载人航天发展做出了重大贡献。

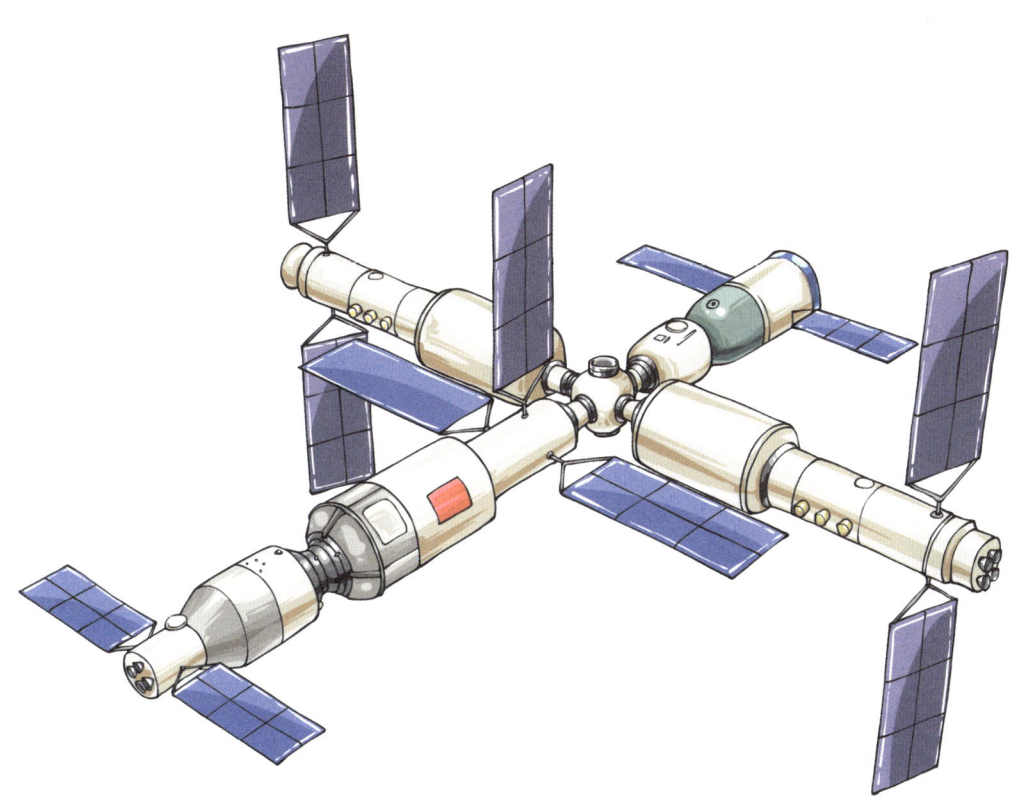

中国空间站，一般指的是中华人民共和国航天计划中的空间站系统。其设计寿命为10年，长期驻留3人。2021年4月29日，天和核心舱发射成功。2022年11月29日"神舟"15号发射成功，并于次日与空间站成功对接，中国空间站首次实现了一期"三舱三船"的最大构型。

千百年来，人类为实现飞向天空的梦想，不断地探索着、实践着。如今，随着科学技术的进步，人类不断地进行发明创造，创造了飞机、飞艇可以在空中飞行，还发明了威力强大的火箭，其中，运载火箭能把人造地球卫星、载人飞船、空间站、空间探测器等有效载荷送入预定轨道，甚至可以送人类到太空"旅游"，人类的视野更加广阔了。随着科学技术的发展，人类或许会发现远在多少光年之外的外星朋友，从那之后，人类不再孤独地生活在茫茫的宇宙中了，人类期待着……